国际服装名牌备忘录(卷一)

● 主编:卞向阳

● 撰稿:卞向阳　周紫婴　陈文飞　张琪　刘瑜　牛龙梅

● 图片:周紫婴　张　琪

東華大學出版社

图书在版编目(CIP)数据

国际服装名牌备忘录. 卷一/卞向阳主编. 一上海：东华大学出版社，2007.7
ISBN 978－7－81111－230－6

Ⅰ.国... Ⅱ.卞... Ⅲ.服装一研究一世界
Ⅳ.TS941.7

中国版本图书馆CIP数据核字(2007)第042372号

本书部分图片，因无法联系原作者，未能逐一征求意见，在此表示真诚的歉意。若图片原作者看到后，有疑义可与本书作者联系。
（作者 E-mail:fashionaesthetics@gmail.com）

责任编辑：马文娟
版式设计：钟 铃
封面设计：魏依东

国际服装名牌备忘录(卷一)
卞向阳 主编
东华大学出版社出版
(上海延安西路1882号 邮编：200051)
新华书店上海发行所发行 苏州望电印刷有限公司印刷
开本:787×1092 1/16 印张:16.5 字数:370千字
2007年7月第1版 2019年1月第6次印刷
印数:11 001－13 000
ISBN 978－7－81111－230－6
定价:69.00元

序

自1997年《国际服装名牌备忘录》出版以来，它一直受到服装业同仁和时尚爱好者们的抬爱和关注。随着星转斗移，几乎所有品牌均产生了很多变化，同时又出现了很多品牌新贵，于是有了这本《国际服装名牌备忘录》，其中卷一部份的品牌计有58个，稍后出版的卷二部分收录的品牌有52个。

在21世纪的今天，服装已经不仅仅是艺术和文化，更带有明显的后工业时代的印记；它也不再是原始时代的御寒之物、手工业时代的工匠之作以及工业时代的机器产品，而是在高科技协作化背景下以品牌为基本集合面对世人。本书旨在以服装品牌为视角，展现服装业的绚丽层面。

确切地说，这是一本关于服装名牌的书。和1997年本书初版时相比，我们对于国外的顶级服装品牌已经多有见识接触和穿用享受。但是，在感性的欢愉后理性的问题是：什么是服装名牌，或者什么样的服装才能称得上名牌？中国的服装产业自20世纪90年代中期起就保有产量和出口全球第一的称号，但是没有国际著名的服装品牌使得其总是大而不强，如何建设世界级的强势品牌依然是中国服装业的重要课题。事实上，所谓名牌不过是强势品牌的通俗化称谓，而关于品牌的研究在国外兴起于20世纪80年代，国内则是在90年代中期，2000版的《辞海》中也终于出现了“品牌”的条目。就服装名牌的营造而言，法国、意大利、美国、英国、日本以及德国等已经走在世界的前列，本书选择了58个具有代表性的已有公论的国际顶级服装品牌加以逐一分析和评述，并在此基础上就服装强势品牌的因素构成加以探究。

每个国际服装名牌都是时尚瀚海中的耀眼之星，它的光芒源出何处？这不但使得服装的经营者、设计师和研究者苦思欲解，时髦的消费者也不无好奇。本书的第一章专门因此而设，对于所列举的服装强势品牌，按照注册地加以分类，并以中文译名拼音顺序排列；对于每一个服装名牌，通过品牌档案和风格综述两个模块，就各自的历史和现状给予详细的剖析和探究。

对于名牌魅力的最好注脚是服装本身，设计作品的照片远比文字对于名牌的说明更加直接和贴切。本书的第二章集中了每个名牌的最近作品照片，并对每件作品均有评述，力求使得品牌的形象更加清晰，也可以使读者有更多的关于服装名牌的艺术体验和艺术判断。

了解书中所列服装名牌的内隐并不是作者的全部意图。既见繁茂之数，当悟森林之美，本书的第三章从书中列举的名牌出发，明晰服装强势品牌的相关概念，抽离出构成名牌的基本要素并加以较为系统的讨论和阐述。它既是为国内的服装企业创建国际级服装品牌寻求借鉴之法，也是为时尚中人寻找和判断服装名牌提供参考依据。

权威的服装奖项与国际服装名牌密切相关，重要的服装展览展示活动往往是名牌亮相的最佳机会，甚至可以这么说，是它们造就了服装品牌。在本书的附录中，专门设有重要的国际服装奖项名录和服装展览展示时间表。

服装品牌是艺术和科学的复杂体，作者从时尚美学的角度出发，综合设计美学、设计管理以及服装学和营销管理的概念和方法撰写此书，期待它对于中国的服装产业发展有所裨益，也以此奉献给时尚的热爱者们。

2007年5月31日

目录 Contents

序

第一章 国际服装名牌的内涵探究 01

一. 法国服装名牌 02

1.爱马仕	Hermès	02
2.巴黎世家	Balenciaga	04
3.蒂埃里·穆勒	Thierry Mugler	06
4.鳄鱼	Lacoste	08
5.高田贤三	Kenzo	10
6.纪·拉罗什	Guy Laroche	12
7.纪梵希	Givenchy	14
8.卡尔·拉格菲尔德	Karl Lagerfeld	16
9.卡纷	Carven	18
10.克里斯汀·迪奥	Christian Dior	20
11.克里斯汀·拉克鲁瓦	Christian Lacroix	22
12.克洛耶	Chloé	24
13.库雷热	Courrèges	26
14.浪凡	Lanvin	28
15.路易·费罗	Louis Féraud	30
16.蒙塔那	Montana	32
17.尼娜·里奇	Nina Ricci	34
18.皮尔·巴尔曼	Pierre Balmain	36
19.皮尔·卡丹	Pierre Cardin	38
20.切瑞蒂1881	Cerruti 1881	40
21.让·保罗·戈尔捷	Jean Paul Gaultier	42
22.让·路易·谢瑞	Jean Louis Scherrer	44
23.森英惠	Hanae Mori	46
24.夏奈尔	Chanel	48
25.伊夫·圣·洛朗	Yves Saint Laurent	50
26.伊曼纽尔·温加罗	Emanuel Ungaro	52

二. 意大利服装名牌 54

1.贝博洛斯	Byblos	54
2.贝纳通	Benetton	56
3.多尔切与加巴纳	Dolce & Gabbana	58

4.范思哲	Gianni Versace	60
5.芬迪	Fendi	62
6.古奇	Gucci	64
7.克里琪亚	Krizia	66
8.罗密欧・吉利	Romeo Gigli	68
9.米索尼	Missoni	70
10.普拉达	Prada	72
11.乔治・阿玛尼	Giorgio Armani	74
12.瓦伦蒂诺	Valentino	76
13.詹弗兰科・费雷	Gianfranco Ferré	78
三．美国服装名牌		80
1.爱使普利	Esprit	80
2.奥斯卡・德拉伦塔	Oscar de la Renta	82
3.比尔・布拉斯	Bill Blass	84
4.卡尔万・克莱因	Calvin Klein	86
5.里兹・克莱本	Liz Claiborne	88
6.马球	Polo by Ralph Lauren	90
7.唐娜・卡兰	Donna Karan	92
四．英国服装名牌		94
1.柏帛丽	Burberry	94
2.保罗・史密斯	Paul Smith	96
3.维维恩・韦斯特伍特	Vivienne Westwood	98
4.雅格斯丹	Aquascutum	100
5.耶格	Jaeger	102
6.约翰・加里亚诺	John Galliano	104
五．日本服装名牌		106
1.三宅一生	Issey Miyake	106
2.山本耀司	Yohji Yamamoto	108
3.像男孩子一样	Comme Des GarÇons	110
4.小筱顺子	Junko Koshino	112
六．德国服装名牌		114
1.埃斯卡达	Escada	114
2.波士	Hugo Boss	116

第二章 国际服装名牌的作品评述 119
第三章 服装强势品牌的要素分析 237
一. 服装强势品牌的类型分布 238
二. 服装强势品牌的市场定位 239
三. 服装强势品牌的设计衡量 240
四. 服装强势品牌的材质保证 241
五. 服装强势品牌的销售模式 242
六. 服装强势品牌的形象塑造 243
七. 服装强势品牌的产品延伸 243
附录 246
I. 国际服装名牌名称索引 246
II. 国际重要服装奖项名录 249
III. 国际重要服装展览展示时间表 253
参考文献 255
后记

第一章　国际服装名牌的内涵探究

什么是品牌，不同的学者给过它很多的定义。作者以为品牌是一种名称、术语、标记、符号和设计，或是它们的组合运用，其目的是借以辨认某个或某群销售者的产品和服务，并使之同竞争对手的产品和服务区别开来。

所谓名牌，望文生义就是著名的或者知名的品牌。但是，著名或者知名本身就是一种无法明确界定的形容，因此这样的解释总让人觉得太过模糊。

可以进一步对名牌作如下的注解：名牌是强势品牌的通俗称谓，与同类产品相比，它通常是市场的领导者，享有较高的利润空间，具有长期的、持续的生命周期。它甚至可以让消费者产生一种类似成见的情绪化认同而在市场竞争中占据上风。

本书主要收录有源自法国、意大利、美国、日本和德国的 58 个服装名牌。它们均为国际公认的时尚行业的强势品牌，也是在国内外服装专业报刊中出现频率较高的著名品牌。由于国内媒体对它们的中文译法不同，因此，除了部分流行甚广已成约定俗成的品牌中文称谓以及它们已经打在产品吊牌上的中文名称外，本书均引用国家编译局的标准翻译法确定各品牌的中文名称而不采用通常所见的音译和意译。如果某一品牌在中国市场采用有别于本书的中文名称，我们自当尊重品牌拥有者的权利。在这些品牌中，很多已经在中国开设专卖店，如夏奈尔、范思哲；有些闻名已久但是在大陆少有服装销售，如克里斯汀 · 拉克鲁瓦、比尔 · 布拉斯；还有不少在中国鲜为人知但是确有国际名牌的大家风范，如克洛耶、罗密欧 · 吉利、奥斯卡 · 德拉伦塔。但是，以中国的经济实力增长之快、服装消费潜力之大、时尚热爱者之多，成功的国际服装强势品牌的店铺迟早都将会出现在中国的街头。面对绚丽变幻的服装品牌世界，读者到时候一定会有先知的欣喜，也会对它们的作品多一份深刻的感受。

每个服装名牌独有一个生动的故事，了解一个名牌的历史和现状并对它作出合适的评价，是剖析其内涵的有效捷径。本章对于每个名牌均设有品牌档案和风格综述两个模块。品牌档案由 12 个子栏目组成，其中“品牌类型”栏主要在高级女装或高级时装、高级成衣以及成衣中进行选择；“注册地”指该品牌最早的注册地点和时间，并以此作为其所属国别的判断标准；“设计师”栏中主要注明了对该品牌有重大影响的设计师，并对著名设计师列有简历备查，对不太重要的设计师则加以忽略或者代之以设计师群的说法；“品牌线”则列举该品牌及其主要延伸品牌和产品线的名称，事实上，书中的每一个品牌均可以视其为以该名牌为核心的由主体品牌和延伸品牌构成的品牌族；“销售地”栏仅作粗略列举，尤其是在中国大陆的销售地基本留空，读者可以根据自己的所见加以填补以为读书之乐；“品牌网址”栏则列出品牌网站的因特网网址，通过网站读者可以在第一时间看到上柜新品。风格综述部分是建立在品牌档案之上的对该品牌的综合评价，基本为作者从时尚美学和品牌理论、设计艺术学角度的主观评价并包容有服装界对它们的部分看法，其内容涉及该名牌在时尚界的地位、品牌的美学特征、产品设计理念、设计师与品牌的关系、营销特色、品牌形象及推广等。

在本章中，涉及到一些相对专业的词汇，例如高级女装、二线品牌等，读者可以从文字角度对其含义猜出几分，本书第三章中会对这些概念给出详细说明。

爱马仕 (Hermès)

品 牌 档 案

1. 类 型：高级成衣
2. 创始人：蒂埃里 · 赫尔梅斯 (Thierry Hermès)
3. 注册地：法国巴黎 (1837 年)
4. 设计师：①设计师群
   ② 1997 年一 2003 年，马丁 · 马尔吉拉 (Martin Margiela)
   ③ 2004 年，让 · 保罗 · 戈尔捷 (Jean Paul Gaultier)
5. 品牌线：爱马仕 (Hermès)
6. 品 类：1837 年，推出皮革制品、运动用品
   1926 年，推出丝质头巾等配件产品
   1930 年后，品类扩大到箱、包、高档服饰等三千多种物品
7. 目标消费者：富裕阶层的男女消费者
8. 营销策略：①多年来保持其一流的高超工艺、精心制作。质量第一的原则，始终贯彻其经营过程之中
   ②只有专卖经营，坚持不转让生产许可证
   ③品种众多，达三千多种
9. 销售地：在世界 140 多个国家和地区销售，1997 年初进入中国市场
10. 地 址：法国 78120，朗布依埃，萨厄利拉尔诺特街 13 一 15 号
   (13 / 15 rue Saelilamot，Rambouillet，78120 France)
11. 网 址：www.hermes.com

风格综述

历经了150多年的风雨沧桑，通过赫尔梅斯家族几代人的共同努力使爱马仕品牌声名远扬。早在20世纪来临之时，爱马仕就已成为法国式奢华消费品的最典型代表。20世纪70年代,创立者赫尔梅斯之孙埃米尔·莫里克·赫尔梅斯就是这样评价爱马仕的:“皮革制品、运动和优雅之极的传统。”

1837年创立之初的爱马仕只是巴黎城中的一家专门制作为马车配套的各种精致装饰的马具店，在1885年举行的巴黎展览会上，爱马仕获得此类产品的一等奖。此后，赫尔梅斯之子，埃米尔·查尔斯(Emile Charles)再建专卖店，产销马鞍等物，并开始零售业务。随着汽车等交通工具的出现和发展，爱马仕开始转产，将其精湛的制作工艺运用于其他产品的生产之中，如钱夹、旅行包、手提包、手表带，以及一些体育运动如高尔夫球、马球，打猎等所需的辅助用具。至此，爱马仕也进入设计制作高档的运动服装的新时代。爱马仕品牌所有的产品都选用最上乘的高级原材料,注重工艺装饰,细节精细,以其优良的质量赢得良好的信誉。爱马仕的第四代继承人让·盖朗(Jean Guerrand)和罗伯特·迪马(Robert Dumas)，在其皮革制品的基础之上，又开发了香水、头巾等新品类。到20世纪60年代，不断发展壮大的爱马仕公司又有了各类时装及香水等产品。

20世纪80年代是爱马仕的新纪元，它以出人意料之势迅速发展。由于象征身份的服饰穿着之风卷土重来，女士们又开始热衷于凯利式提包，其式样是因摩洛哥王妃格雷斯·凯利(Grace Kelly)喜爱而风行一时并得名，以及色彩明快的皮革制品、手感舒适的开司米披巾、耀眼的珠宝首饰、丝质的芭蕾式拖鞋等等。爱马仕生意愈见兴隆。在男士用品方面，爱马仕则推出带精致夹里与装饰的皮茄克、斜纹呢便装、充满活力的运动式大衣和图案花哨的真丝领带等。其后，爱马仕又增加陶瓷及水晶工艺制品等。如今爱马仕的品种共计达三千以上。其中，爱马仕品牌最著名、最畅销的产品当属头巾，英国邮票上的伊丽莎白二世女王所系的丝巾正是爱马仕的杰作。

1997年至2003年间，比利时设计师马丁·马尔吉拉担任了爱马仕的设计师并将其优雅的贵族气质发挥到极致。1999年，爱马仕把35%股份卖给了让·保罗·戈尔捷设计公司，2004年戈尔捷成为首席设计师。一个是优雅、低调的百年品牌，一个是像顽童一样爱搞时装恶作剧的前卫设计，这样的合作对于爱马仕而言是一次冒险，而对于戈尔捷来说则是一次挑战。事实证明合作是成功的，戈尔捷为爱马仕注入了新鲜血液，给予其新诠释的同时也保留了爱马仕的贵族气息。

值得一提的是，爱马仕坚持不转让其商标生产许可权，所有产品的设计、生产都在其内部完成。因而使其每一件产品，无论是真皮包面的记事簿、陶瓷茶具，还是真丝背心，都有着严格的质量保证。爱马仕品牌形象建立于其一贯的高档、高质原则和独特的法兰西轻松浪漫风格，在此基础上，再融入流行因素，这正是爱马仕产品永具魅力之原因。

巴黎世家 (Balenciaga)

品 牌 档 案

1. 类 型：高级成衣
2. 创始人：克里斯托瓦尔 · 巴伦西亚加 (Cristobal Balenciaga)
3. 注册地：法国巴黎 (1937 年)
4. 设计师：① 1937 年 –1968 年，克里斯托瓦尔 · 巴伦西亚加
   1895 年出生于西班牙
   1910 年前跟随母亲学习针线活和服装制作
   1915 年在巴斯克开了一家裁缝店
   1922 年在巴塞罗那开设时装屋
   1932 年在马德里开设时装屋
   1937 年在巴黎开设“巴黎世家”高级女装公司
   1968 年退休
   ② 1968 年以后，设计师群
   ③ 1997 年起，尼古拉斯 · 查斯奎尔 (Nicolas Ghesquière)
5. 品牌线：“巴黎世家”(Balenciaga)
6. 品 类：1937 年公司成立时推出高级女装
   1948 及 1955 年推出香水系列
   1957 年推出玩具娃娃服
   1987 年推出高级成衣系列
   1990 年再次推出香水系列
7. 目标消费群：①高级女装针对上层社会妇女以及影星等
   ②高级成衣针对社会中高阶层
8. 营销策略：①专卖店
   ②出售设计稿
9. 销售地：1937 年巴黎开设时装屋，之后进入美国市场，现已进入中国市场
10. 地 址：法国巴黎乔治第五大街 10 号
    (10 Avenue George V，Paris，France)
11. 奖 项：①舍瓦利耶荣誉勋章奖
    ②被任命为伊莎贝拉天主教堂协会领袖
12. 网 站：www.balenciaga.com

风格综述

提及巴黎世家（又译为“巴伦西亚加”）品牌，不能不先说起1968年以前该品牌的高级女装年代。在二战以后的法国时装界，人们把它与迪奥相提并论，你无法分出谁更伟大，就像无法比较毕加索与马蒂斯谁更伟大一样。设计师克里斯托瓦尔·巴伦西亚加创造了无与伦比的高傲与优雅，并成为巴黎世家品牌的精髓延续至今。

巴黎世家的服装精于缝制。斜裁是拿手好戏，以 起彼伏的流动线条强调人体的特定性感部位。通过结构处理将服装总是保持在宽裕与合体之间，穿着舒适，身体也显得更漂亮。如充分利用省和裥，缝制只有一条缝边的大衣；再如借鉴日本和服和印度莎丽的款式，设计出一款弧形服装，当人移动时，衣服里边就会鼓满空气。

巴黎世家的服装巧妙地利用人的视错觉，腰带策略性地放低一点，或把它提到肋骨以上，甚至可以巧妙地隐藏在紧身衣之中，使服装看上去更加完美。非理想身材的人，一旦穿上巴黎世家服装，顿时显得光彩照人。八分之七式袖子适合于特定年龄的妇女。而像帐篷一样悬垂的大衣和茄克，让体型不佳的人显得更优雅、更有风韵。

宽松内衣、窄裙、大衣、套装、紧身外衣和背心等是巴黎世家的常见款式，这些款式对于袖子的处理往往令人惊讶、耳目一新。1951年推出的一套黑丝绸套装，窄而高的腰带，喇叭型的装饰裥，袖子从肘部至八分之七长度处，结构简洁巧妙。

巴黎世家的面料都是挺括而富有质感的，喜欢用变形粗羊毛织物、真丝纱罗织物以及变型丝织物。在色彩上，巴黎世家擅长黑色及黑白相间的妙用，对于孔雀蓝、紫罗兰、菊黄、瓜橙、水鸭绿的谐调亦匠心独具。在造型上，巴黎世家的服装有着简单的外形，大方的细节。细部的微妙变化使服装像音乐一样和谐，而这种效果是在简单款式中漫不经心地表达出来。设计师巴伦西亚加对传统服装的情结及他的西班牙背景，使他的服装更多地体现了西班牙民族文化和风俗。其爱用的披蓬式设计就源自于浪漫的西班牙大红服装。

巴伦西亚加是一个完美主义者，毕生追求时装艺术的尽善尽美，不肯妥协于他所不屑的流行。1968年，在时装界的一片赞颂和惋惜声中，设计师巴伦西亚加光荣退休。

其后的巴黎世家时装公司由德国的赫丝特集团管理。1972年，杰奎斯·博加特S·A (Jacques Boqart S·A) 购买了巴黎世家时装经营权，1986年购买了香水经营权，1987年推出了高级成衣系列，1989年，巴黎世家商店重新开设。1997年尼古拉斯·查斯奎尔（Nicolas Ghesquière) 担当主设计师，使巴黎世家重获生命力。

巴黎世家服装自从诞生之时就受到贵族妇女社会名流的赏识，几十年来享誉世界。如今，巴黎世家品牌已退出高级女装行列而以高级成衣为主，在中国的部分高档百货商店里也能买到，但它精于裁剪制作品味高雅的风韵尤存。

蒂埃里 · 穆勒 (Thierry Mugler)

品 牌 档 案

1. 类 型：高级成衣
2. 创始人：蒂埃里 · 穆勒 (Thierry Mugler)
3. 注册地：法国巴黎 (1974 年)
4. 设计师：蒂埃里 · 穆勒
   1948 年出生于法国阿尔萨斯 · 施特拉斯堡
   1965 年一 1966 年，任斯特拉斯堡林恩 (Rhin) 歌剧院舞蹈演员
   1966 年一 1967 年，就读于施特拉斯堡艺术学校，同时是巴黎谷都勒 (Gudule) 专卖店的助理设计师
   1968 年一 1969 年，任伦敦彼得 (Andre Peter) 公司设计师
   1970 年一 1973 年，自由设计师
   1974 年成立蒂埃里 · 穆勒公司
   从 1967 年始一直为专业摄影师
5. 品牌线：蒂埃里 · 穆勒 (Thierry Mugler)
6. 品 类：1974 年起推出成衣
   1990 年、1992 年推出香水系列
   戏剧服装、男装也是穆勒主要设计之一
7. 目标消费群：舞台明星和名门淑女等高收入阶层
8. 营销策略：①时装展示
   ②摄影图片展示
   ③专门设计
9. 销售地：法国
10. 地 址：法国巴黎 75008，圣 · 奥诺雷，福布尔格 130 号
    (130 rue du Faubourg St . Honoré，75008 Paris，France)
11. 网 址：www.thierrymugler.com

Thierry Mugler Thierry Mugler Thierry Mugler Thierry Mugler Thierry Mugler Thierry Mugler

风格综述

这是一个甚至连多数中国服装界业内人士都不熟悉的名字，但它却是一个很有特点的设计师品牌。要精确定义穆勒品牌的风格是相当困难的，因为其服装涉及面之广，是从粗俗的装饰倾向至严格的最简式抽象主义无所不及。事实上，自1974年以来穆勒的层次丰富的服装如同利用智慧及戏剧化的因素叙述着种种富有想象力的时尚故事，性感、幽趣、欢快且令人激动。

丰富的臆想是穆勒时装的标识，这些想象来源于好莱坞之魅、科学幻想、政治历史、20世纪50年代底特律轿车款式，以及不同时期的艺术、装饰历史。穆勒的服装，许多取材于70至80年代的艺术领域，特别喜欢将工业造型、精确的几何的细部装饰应用于服装。在其系列主题里，有过类似50年代哈利・厄尔(Harley Earl)为通用汽车公司设计的富有想象力的作品风格。

穆勒的服装亦见于戏剧表演，这增加了设计师与电影界的交往，特别是与美国电影时装设计师伊迪斯・黑德(Edith Head)、特拉维斯・班通(Travis Banton)、阿德里安(Adrian)的联系。对于魅力的追求反映在穆勒豪华的1992系列服装，那是浓郁的50年代时装风貌的再次表现，同时又洋溢着古老布拉格城巴洛克屋顶的雕塑气息。

追求浪漫和奇异经常使穆勒的服装走到政治意识形态的对立面，如在女权运动高涨时期，以带讽刺性质的后现代派的姿态，采用性感偶像作为系列主题。难以定性设计风格及经常走在现代流行与趋势的对立面使设计师穆勒成为时装界的有争议的人物。

穆勒的摄影才能与他的设计才能一样出众，1988年出版的摄影集《Thierry Mugler，Photographer》里的形象构想巧妙而富有魅力，这些时装照片勾画出了穆勒服装的框架，同时赋予模特儿最大的内涵。1986年"俄罗斯"系列，宽肩膀，以苏维埃英雄纪念碑或陆上风景作为背景，使人联想到20世纪早期的社会写实画作及艺术。

穆勒的服装有时显示的是一种抽象的审美，就像万花筒一样重复强调服装的各元素，在这样的一种艺术的审美概念中，实实在在的服装只是创作的一部份。

穆勒服装很多是为时装表演而设计。他的一次重要的动态展示带有芭蕾舞式艺术设计，就像是好莱坞伟大的巴斯比・伯克利(Busby Berkeley)音乐剧。随后的展出是在体育馆里举行的，像一气氛浓烈的摇滚音乐会。穆勒也为那些摇滚明星如玛当娜(Madonna)及名门贵妇如丹尼尔・密特朗(Danielle Mitterand)设计服装，因为她们需要高贵的外表。

穆勒服装设计，不管是进攻性的粗陋还是自制的讽刺，都反映了一种潜在的审美，如三个头长的肩宽、蜂腰、口袋形的臀部，这些人体夸张形象都反映在穆勒服装上。穆勒的男装、女装系列，通过有吸引力的主题和高质量的品质，唤起人们的购买欲望。

鳄鱼 (Lacoste)

品 牌 档 案

1. 类 型：成衣
2. 创始人：雷恩 · 拉科斯特 (Rene Lacoste)
3. 注册地：法国巴黎 (1933 年)
4. 设计师：①雷恩 · 拉科斯特，1904 年 7 月出生于法国，著名网球选手
   ②设计师群
   ③ 2001 年，克里斯托弗 · 莱曼 (Christophe Lemaire)
5. 品牌线：①鳄鱼 (Lacoste)
   ②伊索 · 拉科斯特 (Izod Lacoste)
6. 品 类：1933 年推出衬衫
   1959 年推出儿童装系列
   1963 年推出钢架球拍
   1968 年推出化妆用品
   1984 年推出太阳镜、镜框及男用化妆品
   1985 年推出网球鞋
   1991 年、1994 年分别推出香水系列
   此外还有休闲装、网球、高尔夫球用具
   1996 年获得男装定制认证
   1999 年推出 Lacoste 男装和 Lacoste 女装
   2000 年获得箱包、旅游用品和小毛皮饰品的许可证
7. 目标消费群：中产阶级家庭
8. 营销策略：①出口订单
   ②特许证经营
   ③展示会及广告
9. 销售地：1933 年打开法国市场，1951 年出口意大利，1952 年出口美国，1964 年出口日本，1993 年进入印度新德里、孟买市场及西班牙市场，并在中国各大城市有售
10. 地 址：法国巴黎 75001，卡斯堤拉恩街 8 号
    (8 rue de castiglione，75001 Paris，France)
11. 奖 项：①设计奖 1984 年
    ②改革奖 1988 年
    ③法国政府荣誉勋章
12. 收 藏：①纽约现代艺术博物馆
    ②巴黎体育博物馆
    ③巴黎风俗博物馆
13. 网 址：www.lacoste.com

风格综述

当你打开电视机，看到网球明星及其他体育明星身着鳄鱼衬衫，潇洒地挥拍击球时，就可以感受到鳄鱼牌运动衫在世界范围内受欢迎的程度。

鳄鱼得名于法国著名网球选手拉科斯特，因他的长鼻子和富有进攻性，人们给他以鳄鱼绰号。在20世纪30年代，网球场上的标准穿着是白色法兰绒裤子，机织布钮扣衬衫，袖子卷起。鳄鱼拉科斯特对这个传统提出了挑战，在比赛时穿上短袖针织衫，上面绣上鳄鱼标记。这种衣着在比赛中既舒服又美观，短袖子解决了长袖卷挽经常掉下来的问题，领子柔软翻倒，针织棉套衫透气性好，而稍长些的衬衫下摆塞在裤里可以防止衬衫滑脱出来。

拉科斯特从网坛退役后，鳄鱼牌运动衫开始进入批量生产和销售，委托朋友缝纫加工，包括在左胸上绣鳄鱼标记，在当时还很少有衣服上绣标记。拉科斯特的名望使得鳄鱼衬衫迅速推广，尤其是在美国。

白色是网球场上的传统色调。20世纪50年代，鳄鱼把美国高尔夫衫上的色彩运用到自己的衬衫上，这些衬衫，尤其是下摆较长的衬衫，使网球运动员感到更舒适，广受欢迎。特许授权美国制造商大卫・克里斯托尔(David Crystal)还生产彩色网眼针织衫。鳄鱼畅游在原始而有创意的色彩中。

20世纪60年代后期，为了现代化生产提高产量，克里斯托尔公司用易打理的“大可纶”牌聚酯双纱织造，色彩紧跟时尚，有时甚至有点异想天开，制造出一种穿旧的掉色的效果。鳄鱼衬衫似乎已成了体育和休闲穿着的固定款式。

20世纪70年代，鳄鱼衬衫更加普及流行，在男士、少年、儿童中，鳄鱼是优良品质的标志，拥有鳄鱼衬衫是一种身份的象征，他们穿着的方式各异：下摆拽出来；罗纹领敞开立起；80年代，领子又翻下来，钮扣扣上；女性亦可穿男性服装。鳄鱼衬衫是美国中产阶级衣橱里的主要款式，是网球衫和马球衫的通用词。在其他服装系列上，以伊索・拉科斯特(Izod Lacoste)为标记，原先的鳄鱼标志已经修改或者被移去。

由于鳄鱼品牌良好的市场销售，出现了越来越多的从品牌形象到产品的仿制品，一些仿制品把鳄鱼标记的左右倒置以至于引发官司。到20世纪末，特许证持有者经过艰巨努力把它又恢复到原有的地位。

自2000年开始，鳄鱼开始全球范围内的形象和产品的青春化大转变。2001年，设计师克里斯托弗・莱曼开始操刀进行了“运动时尚革新计划”。曾为伊夫・圣・洛朗、克里斯汀・拉克鲁瓦等大牌工作过的莱曼非常善于从街头时装中汲取灵感，融合年轻一代的穿衣哲学和搭配理念，改革了鳄鱼原有的设计风格，为鳄鱼注入了青春活力。2003年，鳄鱼为了庆祝成立70周年，特别推出Lacoste Original Logo纪念衫，鳄鱼图案撷取自Lacoste 最早期的经典标志，袖口有斜纹是最大特色。另外，Lacoste也与法国独立唱片品牌Tricatel合作推出全球限量版的Lacoste Minimal Set音乐CD，这是为了庆祝同年10月初在巴黎香榭丽舍大道概念旗舰店开幕的纪念专辑。

高田贤三 (Kenzo)

品 牌 档 案

1. 类 型：高级成衣
2. 创始人：高田贤三 (Kenzo Takada)
3. 注册地：法国巴黎 (1970 年)
4. 设计师：①高田贤三
   1939 年 2 月出生于日本东京，曾就读于日本文化服装学院
   1960 年一 1964 年，“三爱” (Sanai) 百货公司任设计师及日本《装苑》杂志图案设计师
   1965 年起，巴黎自由设计师，设计稿件出售给路易斯 · 费罗 (Louis Ferand) 公司及《ELLE》杂志社等。曾在皮萨蒂 (Pisanti) 服装公司任设计师
   1970 年开设自己的公司 Jurgle Jap
   1999 年开始为戏剧和电影设计服装，退休后公司继续经营
   ② 1999 年起，格里斯 · 罗伊 (Gilles Rosier)
   ③ 2004 年至今，安东尼奥 · 马拉斯 (Antonio Marras)
5. 品牌线：①丛林中的日本人 (Jungle Jap)：时装
   ②高田贤三 (Kenzo)：最早是男装，后增加女装
   ③丛林中的高田贤三 (Kenzo Jungle)：青少年服装
   ④城市中的高田贤三 (Knezo City)：女装
6. 品 类：1970 年推出时装
   1983 年推出男装
   1986 年推出牛仔及青少年装
   1987 年推出床上用品、浴用品、童装
   1988 年起，添加女装线、浴用品牌线和家庭日用品系列
   1988 年始陆续推出香水系列
7. 目标消费群：时尚品味较高的高中收入消费群
8. 营销策略：①多品牌多品类产品开发
   ②专门设计和专卖店经营
9. 销售地：1970 年巴黎开设时装店，1983 年进入纽约市场，1984 年一 1989 年进入法国、意大利、英国、丹麦和日本市场，20 世纪 90 年代全面进入亚洲市场
10. 地 址：法国巴黎 75001，马塞尔埃蒂安纳 54 号
    (54 Rne Etienne Marcel，75001 Paris，France)
11. 奖 项：①装苑奖 1960 年
    ②日本时装编辑俱乐部奖 1972 年
    ③贝斯服装博物馆年奖 1976 年、1977 年
    ④舍瓦利耶文学、艺术功勋奖 1984 年
    ⑤联合国主办的“和平年代”设计大奖 1999 年
12. 网 址：www.kenzo.com

风 格 综 述

作者初见高田贤三是在1995年初春的上海银河宾馆，那一天正是高田贤三在上海圆满完成时装发布的日子。设计师给我留下的深刻印象正与高田贤三系列品牌的服装风格相仿，充满欢愉及浪漫的想象力，融全球文化为一体。在二十多年的设计生涯中，高田贤三坚持将多种民族文化观念与风格融入其设计，他不仅是时装界的杰出人物，亦是多元文化的推崇者和融合者。

生自日本现已定居法国的设计师高田贤三从各式各样的文化模式之中汲取精华，将各种不同的文化有机结合。1973年的设计源于罗马尼亚的农夫裙装，墨西哥的大披巾以及厚实的斯堪的那维亚毛衣；1975年春夏为中国劳工与葡萄牙水手形象，地中海式条纹海滨衬衫以及T恤式裙装等；1976年秋夏作品则完全受印弟安人的服饰影响，选用厚重织物，明亮鲜艳的色彩；1979年春夏系列的设计主题来自非洲埃及，对此的评论曾以“高田贤三震撼尼罗河”为题登上了权威刊物《WWD》。

中国传统中式便服、东亚的各式印染织物、欧洲的农夫围裙和罩衫以及日本传统的织物面料，都对高田贤三的服装产生过较大影响。高田贤三大量采用和服的造型和面料，不断吸收中国、印度、非洲等地服饰文化，形成了宽松、舒适、无束缚感的崭新风格。在服装的裁剪与结构方面，充分利用东方民族服装平面构成和直线裁剪的组合，不使用塑造立体曲线的省裥，从而把人体从既成的禁锢中解放出来。选用色彩较面料更鲜艳的里子，或者无里子的设计及选用纯度较高的原色，高田贤三的创新通常是两三种多色彩相互组合给予消费者自由配组的着装方式。绘画艺术和流行文化同样影响着高田贤三的设计，而主题的多样化和广泛性使高田贤三服装在时装界刮起一股旋风，如穷孩子式毛衣、类似斯基亚帕雷利的针织装、男孩子风貌、简单线条简洁款式的军人式样与牧师衣式等都构成了高田的构思源，在一定程度上改变了20世纪后期人们的服饰审美价值观。

凭着其一贯的活力与朝气，对创意的强烈追求、独特的创作思路，高田贤三品牌一直活跃于当今的时装舞台。1995年春，为了彻底实现其时装与成衣两面兼顾的设计理念，实现其倡导搭配性好的单品服饰，同时能让其穿出绝对时尚感的理想，高田贤三将公司转售给LYMH集团，从而全心专注于设计工作。他的设计富有奇想，让高田贤三品牌服装充满活力而激动人心。

1999年设计师高田贤三退休，格里斯·罗伊接手该品牌的设计并继承了高田贤三永远迷恋花样年华的少女的情结。2004年意大利设计师安东尼奥·马拉斯取代格里斯出任艺术总监之职。以新古典浪漫主义混合东方民族风的设计风格见称得安东尼奥·马拉斯，手工繁丰精细，尤擅长拼凑和刺绣，喜好上的相似，使得马拉斯将该品牌的浪漫气质体现得淋漓尽致。

纪 · 拉罗什 (Guy Laroche)

品 牌 档 案

1. 类 型：高级女装、高级成衣
2. 创始人：纪 · 拉罗什 (Guy Laroche)
3. 注册地：法国巴黎 (1957 年)
4. 设计师：①纪 · 拉罗什
   1923 年出生于法国拉罗厄
   40 年代前经营女帽
   1947 年一 1950 年纽约的自由时装设计师
   1950 年一 1957 年让 · 德塞的设计师
   1955 年赴美国学习新的面料设计生产
   1957 年在巴黎建立时装沙龙
   1961 年建立纪 · 拉罗什高级时装屋
   ② 1989 年后为设计师群
   ③ 2005 年莱洛克 (Herve Leroux)
5. 品牌线：纪 · 拉罗什 (Guy Laroche)
6. 品 类：1957 年推出高级女装
   1961 年推出高级成衣系列
   1966 年推出男装系列
   1967 年、197 0年、1972 年、1977 年分别推出香水系列
   1982 年推出男士刮须后用化妆品
   90 年代成为法国十八个高级女装品牌之一
   此外还有内衣、睡衣、帽子、领带、箱包、方巾、针织品等
7. 目标消费群：女明星、社会名流、富有阶层
8. 营销策略：①特许证经营
   ②专卖店
9. 销售地：1961 年在巴黎销售
   现在欧洲、亚洲、南北美洲均有销售，中东市场特别旺盛
10. 地 址：法国巴黎 75008，蒙泰恩大街 29 号
    (29 avenue Montaigne，75008 Paris，France)
11. 奖 项：①纽约梅斯杰出创造奖 1963 年
    ②巴黎金顶针奖 1986 年、1989 年
    ③舍瓦利耶荣誉勋章奖 1987 年
    ④意大利服装奥斯卡 KORE 大奖 2002 年
12. 网址：www.guy-laroche.de

风格综述

像巴伦西亚加一样，纪・拉罗什品牌展现的是优雅经典、精细微妙的风格。

作为一个设计师，尽管纪・拉罗什在进入时装业前没有受过正规的时装设计培训，但是他成功的重要因素就是善于从其从事过的许多职业中总结经验。刚开始他经营女帽，然后在纽约第七大街经营时装。回到巴黎后，在让・德赛时装设计屋任助理设计师的拉罗什于1950年推出一组成衣系列服装，投入到法国时装成衣革新中去，这也标志着法国高级女装界成衣化的开始。1955年，拉罗什再赴美国学习新的面料设计生产方法，为他的高级成衣设计作准备。

1957年，拉罗什开设了自己的精品时装沙龙，第一个系列是在公寓里展示的：简单的背心，巴洛克风格的宽大裙子，轻松悠闲的黑色西风纱短外套，披上优雅的缎条包边的披巾，表达了雅致的情调。之后的设计系列显得更女性化，更有趣味性，也显得更年轻：短褶裥下摆的女学生风味的外套，柔和的悬垂效果，扇形饰边领圈。而其精巧的裁剪和缝制尤其为人所注目。

20世纪60年代早期，拉罗什品牌推出成衣系列并开设专卖店。随着公司的日益壮大，周旋于女明星与社会名流间的拉罗什作为一个富有创造力的设计师和精明商人的名声也越来越大。同时拉罗什品牌逐渐转向香水及特许证经营，1967年首次推出的香水系列，一经面世便大获成功。1982年推出的男士刮须后用化妆品，使之前推出的男士成衣系列得到完整补充。特许证经营产品则促进并提高了拉罗什品牌国际知名度，特别是在富有的中东市场，这个来自巴黎的品牌有着不可抵挡的诱惑力。

20世纪60年代后期，拉罗什相当一部分产品是出售给伯纳德(Bernard Gornfeld)公司和欧莱雅(L'Oréal)这两家美容美发产品制造商的，其香水部分是欧莱雅公司业务的一个重要分支。

2004年，纪・拉罗什品牌被YGM贸易有限公司购入，同年9月在香港开设首家专卖店，并以全新面貌推出秋冬系列：独立不羁的时尚元素，演绎出现代女性温柔硬朗并重的独特个性。2005年的春夏系列由新加盟的设计师莱洛克主理，擅长以贴身锦缎和波纹皱褶凸现女性自然线条美的莱洛克用自己的语言阐释了拉罗什品牌的贵丽与浪漫。

在20世纪90年代，拉罗什就已是法国为数不多的高级女装品牌之一。目前，拉罗什在欧洲、亚洲、南美洲等地有超过二百家许可证经营公司，在世界各地开设专卖店，出售的产品有时装、内衣、睡衣、帽子、领带、箱包、方巾、针织品及香水。

纪梵希 (Givenchy)

品 牌 档 案

1. 类 型：高级女装、高级成衣
2. 创始人：休伯特 · 德 · 纪梵希 (Hubert de Givenchy)
3. 注册地：法国巴黎 (1952 年)
4. 设计师：① 1952 年一 1995 年，纪梵希 (Hubert de Givenchy)
   1927 年 2 月 21 日生于法国，曾于博韦及巴黎的大学中学习；1945 年一 1951 年分别工作于法国勒隆 (Lucien Lelong)、罗伯特 · 皮盖 (Robert Piguet)、法思 (Jacques Fath) 和斯基亚帕雷利 (Schiaparelli) 的时装店；1952 年自己的时装店开张，命名为"梅森 · 纪梵希"，以高超的结构技艺和正统的设计为特点；1995 年退休
   ② 1996 年 1 月一 10 月，约翰 · 加里阿诺 (John Galliano)
   (设计师介绍详见加里亚诺品牌)
   ③ 1996 年 10 月起，亚力山大 · 麦奎因 (Alexander Maqueen)
   1969 年生于英国，1975 年起相继在英国、日本、意大利等国的服装公司工作
   1991 年，进入圣 · 马丁艺术设计学院学习，其设计充满戏剧性及狂野魅力
   ④ 2001 年一 2004 年，担任朱利恩 · 麦克唐纳德 (Julien Macdonald) 高级女装及配件艺术总监
   ⑤ 2003 年 12 月，英国籍设计师奥斯华 · 宝顿 (Ozwald Boateng) 担任男装艺术总监
   ⑥ 2005 年 3 月， 意大利籍设计师 Riccardo Tisci 担任高级女装及成衣艺术总监，毕业于圣 · 马丁艺术设计学院
5. 品牌线：纪梵希 (Givenchy)
6. 品 类：1952 年推出高级女装
   1954 年起推出香水品类，计有八种以上
   现今，其品类已有高级女装、成衣、香水、饰物等
7. 目标消费群：①纪梵希高级女装针对崇尚法国优雅传统的高收入女性
   ②纪梵希高级成衣针对中等以上收入消费群
8. 营销策略：①坚持法国式雍雅风尚，并能体现不同时代的时尚要求
   ②采用专卖店，专门设计等形式
9. 销售地：法国及世界各地
10. 地 址：法国巴黎 75008 乔治第五大街 3 号
    (3 avenue George V，75008 Paris France)
11. 奖 项：①设计师纪梵希于 1978 年和 1982 年获金顶针奖，1983 年获得军团骑士荣誉，1985 年获奥斯卡优雅大奖，1995 年获美国时装设计师委员会终生成就奖
    ②设计师麦奎恩 1998 年在纽约被国际时装集团授予"最佳英国设计师"称号
12. 网 站：www.givenchy.com

风格综述

当设计师纪梵希1995年秋末光荣引退时，评论界提出这样的问题：20世纪60年代，巴伦西亚加在退休时将他的崇尚雍丽典雅的顾客群推荐给了纪梵希，如今纪梵希离去后，被称作“法国优雅的园地”的纪梵希品牌怎么办？事实证明，这些担忧并非没有道理。10年间，纪梵希品牌的管理者LVMH集团就给这个牌子更换了四位高级女装设计师，可见要延续和创新纪梵希并非易事。

1952年纪梵希品牌的首次发布会以大量的白色棉布系列亮相，将看似廉价的棉布服装以崭新风貌推向美与时尚的舞台。那次发布中的贝提那(Bettina)上装，后来成为设计师纪梵希的经典代表之作，最初的款式是可翻折的立领，带有扇形黑色网眼装饰的荷叶边袖。数年后，改为无装饰的白色纱罗面料。

对设计师纪梵希而言，在斯基亚帕雷利等公司工作的经历，尤其是与另一位大师级人物巴伦西亚加的亦师亦友的关系有着很大影响。这也是造成纪梵希品牌在20世纪50、60年代走简洁、清新、洗练、庄重路线的原因之一。在那时，纪梵希尤其受到广大青年女性的欢迎，好莱坞影星奥黛莉·赫本(Audrey Hepburn)就是设计师纪梵希的热爱者，在她的多部著名影片中所穿用的服装均出自纪梵希之手。如1954年的电影《龙凤配》(Sabrina)中女主角萨布里娜由巴黎归来时的黑色套装及帽子，绣有黑、白花朵的条纹白色礼服。赫本的简洁、清新的魅力形象正体现了当时纪梵希品牌的风格特色。设计师纪梵希的创意从面料开始，一流的优质材料、广泛的色彩主题使纪梵希品牌成为法国传统的富丽、精致和豪华风格的代表之一。

注重线条表现而非装饰细节，纪梵希品牌以很强的人体适应性将不同阶层、年龄的女性打扮的漂亮迷人，这当然须以高超的剪裁技巧为基础。随着人们服装审美观的变化，纪梵希的服装能伴随时尚变迁在华美、富丽的整体格调中注入时髦流行，从20世纪50年代的简洁清新到60、70年代的青春活力，80年代的老练雍容和90年代的成熟优雅。色彩保持其一贯的愉快和明艳，奶黄、鲜紫、松绿、榴红令人振奋，这都体现出纪梵希品牌的个性。

设计师纪梵希退休后，约翰·加利亚诺担纲设计，但这位英国青年似乎并不把法国传统放在眼里，让纪梵希的崇拜者们无法忍受。1996年秋接任其职的亦为来自伦敦的以桀骜不驯而著名的亚力山大·麦奎因，他收敛狂野，一改强悍，推出优美、简洁、老练和典雅的全新纪梵希版本。2001年起，朱利恩·麦克唐纳德担任高级女装及配件艺术总监。而到2005年春，年轻的意大利新锐设计师提斯科出人意料地被委任为纪梵希的女装创作总监，尽管其早前曾为德国运动品牌Puma和意大利品牌Coccapani设计，个人品牌也只有过两次时装秀，但这也许正是担任纪梵希的设计师所需要的：既不是一张白纸，也未被墨水浸没。与高级女装的不尽人意相反，2003年，曾经获得英国“最佳男装设计师”奖的奥斯华·宝顿担任该品牌的男装创作总监，并使得纪梵希男装大获成功。

而提斯科首次主持的纪梵希2005秋冬高级定制服亮相后，让关注纪梵希的人们多少松了一口气。少了麦奎因的侵略性以及麦克唐纳德的俗艳，修长、轻柔且贴身的简单样式连身礼服，以西风纱、编织、绿宝石色调来衬托天鹅绒的华丽特质，展露了纪梵希传统的高雅而低调的奢华又使人耳目一新。

卡尔 · 拉格菲尔德 (Karl Lagerfeld)

品 牌 档 案

1. 类 型：高级成衣
2. 创始人：卡尔 · 拉格菲尔德 (Karl Lagerfeld)
3. 注册地：法国巴黎 (1984 年)
4. 设计师：卡尔 · 拉格菲尔德 (Karl Lagerfeld)
   1938 年 9 月 10 日出生于德国汉堡
   1952 年移居巴黎
   1955 年— 1958 年在皮尔 · 巴尔曼 (Pierre Balmain) 公司任设计助理
   1958 年— 1963 年在让 · 帕图 (Jean Patou) 公司任艺术总监
   1964 年起成为自由时装设计师，为多种类型的品牌提供设计服务，其中包括：克洛耶 (chloé)，克里琪亚 (Krizia)，瓦伦蒂诺 (Valention)，芬迪 (Fendi)，玛克斯 · 麦拉 (Max Mara)，查里斯 · 佐登 (Charles Jourdan) 以及 H&M 等
   1983 年始任夏奈尔高级女装与成衣系列设计师
   1984 年在巴黎和德国成立自己品牌的高级时装公司与成衣公司
   他还同时是摄影师与舞美设计师
5. 品牌线：①卡尔 · 拉格菲尔德 (Karl Lagerfeld)：高级成衣
   ②拉格菲尔德 (Lagerfeld)：成衣
   ③ KL · 拉格菲尔德 (KL by Karl Lagerfeld)：二线品牌成衣
6. 品 类：1984 年推出高级时装
   1984 年推出成衣
   1975 年拉格菲尔德 (Lagerfeld) 香水推出，归属于伊丽莎白 · 艾登公司 (Elizabeth Arden)
   1978 年推出克洛耶 – 拉格菲尔德 (Chloé –Lagerfeld) 男用香水
   1983 年推出 KL 女用香水
   1984 年推出 KL 男用香水
7. 目标消费者：酷爱时尚的中高收入消费群
8. 营销策略：以设计为特色，既有成衣的方便舒适，又有高级时装的优雅华贵
9. 销售地：全球各主要城市，在中国部分高档百货商店有售
10. 地 址：法国巴黎 75008，马德莱娜，布勒瓦尔德 14 号
    (14 Boulevard de la Madeleine，75008 Paris，France)
11. 奖 项：①国际羊毛局设计大赛第二名 1954 年
    ②奈门 – 马科斯奖 1980 年
    ③贝斯服装博物馆年奖 1981 年
    ④纽约时装鞋业协会奖 1991 年
    ⑤美国时装设计师委员会终身成就奖 2002 年
12. 网 站：www.karllagerfeld.com

风格综述

银发扎辫，眼遮黑镜，手持折扇，不苟言笑，设计师卡尔·拉格菲尔德(Karl Lagerfeld)的名字不仅伴随着克洛耶、芬迪等名牌的影子出现于时装发布与服装评论场合，自1983年后，作为夏奈尔品牌的首席设计师，卡尔·拉格菲尔德更是声名远扬。就是在这样的背景下，一个新的品牌诞生了，一把散开的折扇成了它的标识，那就是卡尔·拉格菲尔德。

迷一样的设计师拉格菲尔德精力充沛，他可以同时为六个品牌担纲设计，在一个月中准备好一个高级女装展，一个裘皮时装展和三个成衣展，质量之高、速度之快时常令人惊诧不已，这也成了他与其他大师级设计师的迥异之处。拉格菲尔德的设计天才成了他所参与的品牌的成功保证，他被誉为是夏奈尔的救星、芬迪的改革者，他与克洛耶的合作是名师和名牌珠联璧合的典例。更值称道的是，他每主持一个名牌的设计，总能让它在貌似原汁原味的同时带入了拉格菲尔德式的耳目一新。1991年他在夏奈尔品牌的新作是传统外套配迷你牛仔裙，缀以闪亮的夏奈尔式钮扣与链饰，颇合年轻人的口味。拉格菲尔德设计的克洛耶品牌中的晚装裙也曾大受好评，轻薄的雪纺贴合人体曲线，以丝质花卉为装饰，极富女性气息。尽管拉格菲尔德每次为风格各异的老名牌所作的新奇之举都难免受到报界的评头论足甚至指责，但是，其设计总能引起新的流行风，拉格菲尔德各方面的设计才华也得到了展示和承认。2004年11月12日，低价位服装品牌H&M的欧洲连锁专营店内发售的“卡尔·拉格菲尔德专供H&M作品”堪称史无前例，他与成衣巨头H&M的看似不可思议的合作，更让全世界的年轻人见识并感受了这位天才的设计，并为卡尔·拉格菲尔德品牌积累了足够数量的潜在消费者。

当然，任何一个名牌都有由于历史沉淀而形成的风格框架，身在其中的设计师只能对此进行符合时尚的诠释，拉格菲尔德也不例外，只有在属于他自己的品牌卡尔·拉格菲尔德之中，其设计个性才得以淋漓无拘的体现。卡尔·拉格菲尔德品牌裁制精良，既有夏奈尔式的优雅，又有斯基亚帕雷利式的别致，把古典风范与街头情趣结合起来，形成了诸多创新。一些装饰细节常会出现超现实主义风格式的神来之笔，如KL品牌的羊毛套衫，剪裁精巧又易穿脱，柔软的质地，明快的色彩，永远都不会落伍。1997年，设计师拉格菲尔德将卡尔·拉格菲尔德品牌从克洛耶集团买回来，自此，他真正拥有了实现自己的时尚思想的领地。

设计师拉格菲尔德曾被认为“有着钢铁般的意志，又有着丝绒般的技巧”。一方面他声誉日隆，一方面又深居简出。他醉心于时装、装潢、哲学、书海等各个领域。或许正是这种看似矛盾的个性组合，才使他在时装上做到许多精彩的尝试。他在与诸多名牌合作时取得的经验使卡尔·拉格菲尔德品牌有一条明确的思路：把握高级女装的成衣化倾向，把成衣的便利舒适与高级女装的绚丽优雅统一为一体。拉格菲尔德这个名字的魅力，使其成为现代时尚人群的至爱品牌。

卡纷 (Carven)

品 牌 档 案

1. 类 型：高级女装、高级成衣
2. 创始人：玛莱 · 卡尔旺夫人 (Mme Carven Mallet)
3. 注册地：法国巴黎 (1945 年)
4. 设计师：①玛莱 · 卡尔旺夫人
   ② 1998 年起，爱德华 · 埃克尔 (Edward Achour)
5. 品牌线：①卡纷 (Carven)：高级女装品牌
   ②权力与温柔 (Kinglenes and Kisslenes)：针织服装品牌
   ③玛菲勒 (Ma Fille)：童装品牌
6. 品 类：1945 年创建卡纷高级女装品牌
   1955 年推出头巾及少女装系列
   1956 年推出针织服装
   1957 年推出围巾等饰品
   1965 年推出泳装系列
   1966 年推出毛皮服饰品类
   1968 年推出童装
   1948 年一 1982 年推出七个品类香水
   另有珠宝产品等
   1965 年、1966 年、1967 年、197 8年分别为印度航空公司、泛美航空公司、阿根廷航空公司及法国航空公司设计制服
7. 目标消费群：①卡纷针对高水准消费群
   ②权力与温柔针对中等档次消费阶层
   ③玛菲勒针对儿童、少年消费层
8. 营销策略：①品牌许可证经营
   ②专卖店
   ③专门设计
9. 销售地：以法国为中心，包括欧美以及巴西、墨西哥、埃及、土耳其、伊朗及中国等地
10. 地 址：法国巴黎 75008，尚斯一厄利塞斯圆点 6 号
    (6 rond-point des Champs-Elysées，75008 Paris，France)
11. 奖 项：①舍瓦利耶荣誉勋章奖 1964 年
    ②文学和艺术纪念章奖 1978 年
12. 网 站：www.carven.fr

风格综述

在中国，简单、典雅中凸显魅力的卡纷手表以及装饰品远比该品牌的服装来得出名。而在时尚来去匆匆的巴黎时装界，以高级女装起家的卡纷品牌一直稳居其中。经历了种种风云变幻，却从未盲从于时装圈内各式潮流、时尚，正如创始人及设计师卡尔旺夫人自己所言：我唯一的追求和唯一的原则，就是为所有女性创造美丽衣裳，尤其是那些体型欠佳，身材矮小的女性。这大概是因为卡尔旺夫人本人就是位矮个女子。

从20世纪40年代末期至60年代初，卡纷品牌的服装不仅符合不同时期的各式风格时尚，同时保持着极个性化和风格化的精致而具有装饰美感的细节处理，将女性打扮得更加光彩照人，这也正是该品牌最吸引人，最具特色之处。各式各样的白色蕾丝以及精美刺绣装饰于领口、袖口之上，或者以冷调的白色平纹亚麻为材质作领和袖，充分体现出那个年代自信自强的女性时尚形象。

白色是卡尔旺夫人极其钟爱的颜色。1950年的晚礼服为白色胸衣，白色不对称长裙，层叠着的白色精美法国刺绣配以白色打褶衬裙；1954年的作品为紧身上衣，宽大的裙式午间礼服，纯白亚麻面料，绣上白色鲜花图案，看起来似乎是以昂贵高档的绣花台布制作而成。另一卡纷的典型设计仍采用白色织物，配以刺绣，利用在不同强弱光线下出现的深浅不同的明暗效果，巧妙地美化穿者的体型体态。

卡纷品牌的设计吸取不同民族和地区的文化以及不同门类艺术之精华。1952年的晚礼服，灵感来自埃及古代服饰披挂式结构，以白色平纹针织物包缠而成紧身上衣，臀部的流苏使人联想起肚皮舞者的饰有珠宝的腹带。在1959年的系列作品里则反映了就像在贝拉斯克斯(Velazguez)的油画上看到的美丽的西班牙。

1998年，卡纷品牌被法国香水企业达尼埃尔·哈兰（Daniel Harlant）公司收购，同年爱德华·埃克尔担当该品牌的艺术总监和设计师，使得卡纷品牌的特质在创新中得以延续和发展。

在经营方面，卡纷品牌独具谋略，在品牌经营创业初期即注意到产品推广的重要。从巴西到伊朗，卡纷品牌不断地在全球各地举行最新设计作品发布。卡纷品牌的产品持续的推陈出新也是其生命旺盛的重要原因，为配合世界各地日渐增加的顾客，卡纷品牌不停地推出高贵大方的时装、珠宝和配件。仅就香水而言，自1948年至1982年间先后有七个品种问世。品牌许可证经营的发展，使卡纷品牌产品遍及世界，尤其是玛格丽菲(Ma Griff)牌香水，其白绿两色包装已广为人知。在如上海等部分城市的百货店里，人们可以亲身感受卡纷男装成衣。而在2006年的上海国际服装节中，首次现身于上海的卡纷高级女装赢得台下的阵阵赞叹，以至于发布会刚刚落幕，作者的一位企业家朋友就与卡纷品牌展开引进该品牌高级女装的谈判。

时至今日，在卡纷每次的时装发布会上，白、绿两色服装已成为不论体型比例如何都能展现其优雅与魅力的高尚品味的卡纷形象的代名词。

克里斯汀 · 迪奥 (Christian Dior)

品 牌 档 案

1. 类 型：高级女装、高级成衣
2. 创始人：克里斯汀 · 迪奥 (Christian Dior)
3. 注册地：法国巴黎 (1946 年)
4. 设计师：① 1946 年— 1957 年，克里斯汀 · 迪奥
   1905 年 1 月出生于法国诺曼底
   1920 年— 1925 年，攻读政治学
   1928 年— 1931 年，画商
   1931 年— 1937 年，自由设计师
   1937 年— 1939 年，皮盖 (Piguet) 服装店助理设计师
   1941 年— 1947 年，勒隆 (Lelong) 服装店设计师
   1946 年开设自己的商店
   ② 1957 年— 1960 年，伊夫 · 圣 · 洛朗 (Yves Saint Laurent)
   ③ 1960 年— 1989 年，马克 · 博昂 (Marc Bohan)
   ④ 1989 年— 1996 年，詹弗兰科 · 费雷 (Gian franco Ferré)
   ⑤ 1996 年以后，约翰 · 加里阿诺 (John Galliano)
5. 品牌线：①克里斯汀 · 迪奥 (Christian Dior)：高级女装、高级成衣
   ②迪奥男装 (Dior Homme)
6. 品 类：1947 年推出高级女装、香水
   1967 年推出迪奥小姐系列、婴儿系列
   1968 年推出针织系列
   1973 年推出皮草服饰
   现有高级女装、高级成衣、针织服装、内衣、各式香水、化妆品、珠宝、配件等
7. 目标消费群：崇尚优雅的高收入消费群
8. 营销策略：①以品牌为无形资产，涉及各服饰品类
   ②专卖店
   ③专门设计
   ④特许证经营
9. 销售地：1947 年在巴黎开设时装店，1948 年进入纽约市场
   现在全球各主要城市开设专卖店，在中国部分高档百货商店均有售
10. 地 址：法国巴黎 75008，蒙泰恩 30 街
    (30 Avenue Mortaigne，75008 Paris，France)
11. 奖 项：①奈门—马科斯奖 1947 年
    ②纽约帕森学校杰出设计成就奖 1956 年
    ③时装工业基金奖 1990 年
12. 网 址：www.dior.com

风格综述

“如果迪奥还活着，如今的时尚当是另一个样”，伟大的设计师迪奥离世近五十年，人们仍在做这样的假设，可见迪奥对20世纪时装界的影响。迪奥虽早已逝世，但以他的精神为基础的迪奥品牌五十年来如火如荼，影响了几代消费者和设计师。自1947年迪奥的首次发布会以来，每一次新作的推出都引起时装界及传媒的关注。至今仍位列高级女装的迪奥品牌服装，每一次都以其漂亮、优雅与创新获得如潮好评。

时光倒转五十年，1947年春天巴黎的蒙蒙细雨中，人们热切地期待着迪奥专卖店开门以观看盛传已久的时装发布。在这次发布会上，强调圆胸细腰丰臀的服装，一扫二战以来巴黎时装界的沉闷，线条简单优美，面料华丽高档。虽然以后有人指出这不过是19世纪60年代法国式样的翻版，但消费者更乐意接受评论界所称的革命性的“新风貌”(New Look)的评价。的确，作为“年轻、希望、未来”的表征，它给战后女性以展现优美身段、高贵典雅及重新包装自己的机会。

此后的迪奥品牌一直是晚霞般绚丽的高级女装时代(1947年—1957年)的领头羊。大V领的卡巴莱晚礼裙，多层次兼可自由搭配的皮草等，均出自于天才的设计大师迪奥之手，其优雅的窄长裙，从来都能使穿着者步履自如，在兼有实用功能之上突出艺术。迪奥品牌的革命性还体现在致力于时尚的可理解性，每次推出时装系列都因廓形而赋予一个简单明了的主题词，如A型、Y型、箭型等等。选用高档上乘面料如绸缎、传统大衣呢、精纺羊毛、塔夫绸、华丽的刺绣品等，而做工更以精细见长。

虽然在1954年受到复出的夏奈尔的挑战，但迪奥的百合花型系列以年轻的、天真的、轻松的便服式茄克配褶裙及水手领套衫更受人关注，《Vogue》杂志对此评价只有一句话：“真不容易！”

1957年后，迪奥仍是华丽优雅的代名词。第二代设计师圣洛朗在1959年将迪奥送进了莫斯科，并推出迪奥品牌的新系列：苗条系列。第三代继承人马克・博昂，首创迪奥小姐系列，延续了迪奥品牌的精神风格，并得以发扬光大。1989年迪奥品牌由意大利设计师费雷主持设计，此时迪奥传统的较夸张、浪漫风格融入了新的严谨与典雅。90年代中期后迪奥公司由LVTH集团管理。1997年，年轻的英国藉设计师加里阿诺被推上了迪奥的前台，事实证明人们期盼没有落空，英式前卫的加利亚诺与雅致传统的迪奥品牌的合作是独特且成功的。高贵与平凡、高雅与通俗的绝对界限被打破，迪奥品牌再次被推上巅峰。

自20世纪90年代以来的迪奥品牌其品类范围不断扩充，除高级女装、高级男装和高级成衣外，还有香水、皮草、头巾、针织衫、内衣、化妆品、珠宝及鞋等，人们一如既往地关注它、关爱它。

在战后巴黎重建并确立世界时装中心过程中，迪奥作出了不可磨灭的贡献。几十年来，迪奥品牌不断地为人们创造着“新的机会，新的爱情故事”。

克里斯汀 · 拉克鲁瓦 (Christian Lacroix)

品 牌 档 案

1. 类 型：高级女装、高级成衣
2. 创始人：克里斯汀 · 拉克鲁瓦 (Christian Lacroix)
3. 注册地：法国巴黎 (1987 年)
4. 设计师：克里斯汀 · 拉克鲁瓦尔
   1951 年出生于法国
   1973 年一 1976 年，学习艺术史，博物馆研究
   1978 年一 1980 年，赫马斯公司 (Hermès) 任设计助理
   1980 年，纪 · 保兰公司 (Guy Paulin) 任设计师与艺术总监
   1987 年，在巴黎创立了自己的高级女装公司、高级成衣公司、时装沙龙
   1988 年，举办个人时装发布会
   1988 年，为吉尼 (Genny) 公司举办成衣发布会
5. 品牌线：克里斯汀 · 拉克鲁瓦 (Christian Lacroix)
   克里斯汀 · 拉克鲁瓦 · 巴莎 (Bazar de Christian Lacroix)
   克里斯汀 · 拉克鲁瓦 · 牛仔 (Jean de Christian Lacroix)
6. 品 类：1987 年推出高级女装
   1987 年推出同品牌成衣
   1989 年添加男装与七个饰品线
   1990 年增加香水“这才是生活”(Cest La Vie)
   1992 年增加领带、内衣
   1997 年推出 fine china 系列服装
   2000 年增加品牌珠宝
   2001 年增加童装线
7. 目标消费群：上层社会
8. 营销策略：①高级女装为主，带动其他男装、成衣、饰品、香水的销售
   ②特许经营
   ③专卖店、沙龙
9. 销售地：法国巴黎等国家地区
10. 地 址：法国巴黎 75008，圣奥诺雷，福布尔格街 73 号
    (73 rue du Faubourg St . Honoré ， 75008 paris，France)
11. 奖 项：①金顶针奖 1986 年、1988 年
    ②美国时装设计师委员会奖 1987 年
12. 网 址：www.christian-lacroix.fr

风格综述

2005年9月，作者专程赶往北京观看名为“对话”的克里斯汀・拉克鲁瓦服装静态展（该展览将其名翻译克里斯蒂安・拉夸）。作为法国文化年的重点项目之一，展览精选了拉克鲁瓦1987年以来的高级时装、成衣和配饰系列中的代表作，法国当代艺术品和工艺品、设计师本人钟爱的收藏以及在中国考察时收集的视觉图像等，让人们亲身体验到拉克鲁瓦品牌在冲突中寻求对话，在差异中衍生和谐的品格精髓。

1987年7月，当克里斯汀・拉克鲁瓦的第一场个人发布会举行后，人们从那激动喧嚣的场景中看到了继拉格菲尔德之后又一颗新星的升起。这也标志着又一品牌的诞生。拉克鲁瓦公司的总经理兼财务总监保罗・奥德兰(Paul Audrain)曾这样评价当年拉克鲁瓦开业的时机：“我们有一个强烈的预感，知道这将是一个绝好的高级女装公司成立的时间。20世纪80年代里，政界以及文化上的更新发展使得70年代的价值观不复存在。风行于那个年代的T恤与牛仔也将因之而变化。人们期待的是一个更性感的新形象，拉克鲁瓦一出现便把握住了这个趋势。”确实，自1961年伊夫・圣・洛朗的高级女装屋成立后，一直没有别的高级女装再度出现，拉克鲁瓦选择到了一个极为合适的时机。

设计师拉克鲁瓦一度是博物馆研究员，直到20世纪70年代初遇到了弗朗索瓦・罗森斯蒂尔 (Francoise Rosensthiel)，才改变了他的命运进程。后者不但成为他的妻子，还鼓励他执着于自己所喜爱的时装设计。在弗朗索瓦的支持下，拉克鲁瓦相继在赫马斯及纪・保兰等公司任职。1981年，拉克鲁瓦成了巴黎老牌时装屋让・帕图(Jean Patou)的设计师，并使之重振旧日雄风，销售额一下子翻了二番。1987年，在大财团菲南基厄勒・阿加什(Financiere Agache)斥资五百万法郎的支持下，拉克鲁瓦注册了自己的品牌，并逐步成为近十年来活跃于巴黎高级时装设计界的著名设计师之一。

在服装式样上，拉克鲁瓦并不遵从于中规中矩的保守原则，而是极尽奢华之能事。在该品牌的服装中，人们可以看到千姿百态的异域风情：原始质朴的眼镜蛇绘画运动；对戴安娜・库柏的崇拜；现代吉普赛人、旅行者与流浪汉的写照……衣料极为华美，常会有出人意料的拼配组合，如再刺绣过的锦缎、毛皮，二次织绣过的蕾丝，东方韵味的印染与绣花，甚至真金刺绣等。是否过于奢侈或是否有悖常理，全不是拉克鲁瓦会顾忌的事情。其北京“对话”展中的中国风格作品就是最好的写照。作为一名出色的艺术家，拉克鲁瓦会把廉价商店与博物馆、歌舞剧院乃至斗牛士等不同场面不同风情的元素组合起来，因而设计出的服装别具一格。拉克鲁瓦还常从过去的年代中搜寻灵感，模特或影视明星，傲慢高贵或落魄浪荡，都被他巧妙地表现在饰品、色彩的选择中。

从帕图公司的倒闭和他自身的经历中，拉克鲁瓦意识到现代的高级女装业充斥着金钱为铺垫的公关游戏，香水与特许证经营实际上也是利用设计师的名声来出售商品。现代社会中高级女装的作品不过是领导时尚发展，以便让成衣商紧随其后大批量翻制生产。对此，拉克鲁瓦深有感触地说：“我真想回到四十年前斯基亚帕雷利所处的那个年月，高级女装业是一个汇集各种遐思妙想的实验室。”也正因为有这种正确的指导思想，拉克鲁瓦高级女装及成衣行销总能有良好业绩。

克洛耶 (Chloé)

品 牌 档 案

1. 类 型：高级成衣
2. 创始人：雅克 · 勒努瓦 (Jacques Lenoir)
   加比 · 阿格依奥恩 (Gaby Aghion)
3. 注册地：法国巴黎 (1952 年)
4. 设计师：① 1952 年— 1965 年，设计师群
   ② 1965 年— 1983 年，卡尔 · 拉格菲尔德 (Karl Largerfeld)
   设计师简介见卡尔 · 拉格菲尔德品牌
   ③ 1987 年— 1991 年，马蒂娜 · 希特博恩 (Martine Sitbon)
   ④ 1992 年— 1997 年，卡尔 · 拉格菲尔德 (Karl Largerleld)
   ⑤ 1997 年— 2001 年，斯特拉 · 麦卡特尼 (Stella McCartney)
   ⑥ 2001 年至今，菲比 · 费洛 (Phoebe Phile)
5. 品牌线：克洛耶 (Chloé)
6. 品 类：女装成衣为主
   其他包括泳装、运动装、童装、眼镜、小皮具、手袋及皮鞋系列
7. 目标消费群：高收入女性
8. 营销策略：①采用设计师聘用制，在不同时期聘用最具时代潮流风格的优秀设计师
   ②专卖店
9. 销售地：以法国为主，在其他国家和地区也有销售
10. 地 址：法国巴黎 75008，圣奥诺雷，福布尔格 54—56 号
    (54-56 rue du Faubourg St . Honoré , 75008 Paris，France)
11. 网 站：www.chloé .com

风格综述

克洛耶品牌风格的核心可概括为时髦、现代及强烈的女性品味。在巴黎高级成衣界中，克洛耶品牌多年来一直保持着其地位。因为它在不同时期所聘用的各国著名设计师以各式不同风格、特色的成功设计演绎克洛耶服装。

克洛耶诞生于20世纪50年代，那正是生活化人情味的成衣品牌向贵族式的高傲的巴黎高级女装传统挑战之时，克洛耶品牌创造出了简洁美观、可穿性强的现代成衣理念。

值得一提的是克洛耶品牌与所聘设计师之间的关系。克洛耶对设计师的“猎头”功夫一流。它相当频繁地聘用各国名师，让其个性设计使克洛耶品牌在同时代的时尚中独树一帜。但是品牌的风格框架格调并未因设计师的更迭而迷失方向，贯穿于不同设计师作品间的是其一直保持的法兰西风格的色彩特征和优雅情调。

克洛耶品牌可谓是巴黎高级成衣界的变色龙。其所聘设计名师的个性投入加克洛耶生产经营体系的保证使克洛耶品牌风格与时代潮流同步。20世纪60年代的克洛耶形象紧跟当时的“青年风暴”时尚，设计师珍妮·多(Jeanne Do)推出了廓型纤长线条下垂的帝政风貌式的连衣裙，并在下摆饰以金属光泽的几何块片，这种貌似现代铠甲的黑礼服裙在当时相当时髦。自20世纪60年代中后期起，克洛耶品牌便与拉格菲尔德的名字紧紧相连，拉格菲尔德赋予克洛耶新的现代化风格。在保留其优美造型、简洁装饰等特色的基础上，20世纪70年代的克洛耶品牌又吸纳了当时流行的多元化设计概念，广泛汲取各式文化精髓。如源于吉普赛民族的热情鲜明的服饰特色而推出印有明快图案的滚条衬衫；在普通外衣及披肩上采用鲜亮的圆环贴画图案等装饰来强调着装后人的各式动态。正是与拉格菲尔德的成功合作使克洛耶品牌声誉日隆。

1988年，曾深受20世纪70年代滚石乐影响的希特博恩(Sitbon)出任克洛耶设计师，希特博恩将克洛耶建立于20世纪60年代的风格重新演释，每一季作品均源于当代流行文化，且将其以经典的外形式样加以表达，以体现现代女性自立与自信的特点。在希特博恩的领导之下，克洛耶品牌传统的服装品类和如采用华丽面料与精美装饰以及夸张的廓形等设计特色手段，在20世纪90年代又重新拾回。1991年秋冬发布会，克洛耶展示的是极女性化的作品：黑红两色的丝质晚礼服，长仅到大腿中部，上半身为高领紧身设计，强调腰、胸及臀部曲线，同时搭配以金色的珠饰，更显耀眼风采、迷人姿态。

1992年卡尔·拉格菲尔德重回克洛耶，那易于穿脱的无结构主义设计风使克洛耶又回到其70年代的简约、舒适风格。取自“花朵少年”的长串珠链、精致的丝质花朵发饰，洋溢着浪漫而怀旧的味道。1997年斯特拉·麦卡特尼担任设计总监，在经典中添加了街头味，2001年4月菲比·费洛接任，陆续开辟了泳装、运动装、童装等品类。

经历了半个多世纪的克洛耶品牌，可以称为品牌和设计师成功合作的典范。它并没有迷失在著名设计师的光环之下，而是在其享受成功的设计之时，一如既往地展示着克洛耶精神。

库雷热 (Courrèges)

品 牌 档 案

1. 类 型：高级成衣
2. 创始人：安德烈 · 库雷热 (André Courrèges)
3. 注册地：法国巴黎 (1961 年)
4. 设计师：安德烈 · 库雷热
   1923 年 3 月出生于法国，早年学习工程学科，而后到巴黎学习时装设计
   1945 年— 1961 年在巴黎巴伦西加亚时装店任裁剪师
   1961 年— 1965 年在巴黎开设库雷热时装屋并任设计师
   1965 年时装屋出售给欧莱雅 (L'Oreal) 公司
   1967 年购回时装屋
   1983 年伊都锦 (Itokin) 公司收购了时装屋
5. 品牌线：①库雷热 (Courrèges)：高级女装、高级成衣
   ②未来时装 (Couture Future)：高价成衣
   ③伊皮博 (Hyperbole)：较低价成衣
6. 品 类：1961 年推出高级时装系列
   1965 年高级女装问世
   1969 年生产高级成衣
   1971 年推出香水系列
   1973 年推出男装成衣及男用香水产品
   1970 年推出低价位的成衣产品
   此外还有各式配件、皮革制品、手表、皮带、浴室用品、家具、文具用品、汽车等
7. 目标消费群：①库雷热针对高收入时尚人士
   ②未来时装针对高中收入消费层
   ③伊皮博针对大众消费层
8. 营销策略：①多品牌线经营适应不同层次市场需求
   ②专卖店
   ③特许证经营
9. 销售地：世界各地
10. 地 址：法国巴黎 75008，普雷米尔佛朗索瓦街 40 号
    (40 rue Francois Premier，75008 Paris，France)
11. 奖 项：伦敦高级女装设计奖　1964 年
12. 博物馆收藏：伦敦维多利亚阿伯特博物馆
13. 网 址：www.courreges.fr

风格综述

到底是设计师安德烈·库雷热还是玛丽·匡特发明了超短裙，这一话题从20世纪60年代一直争执至今。但有一点是肯定的，库雷热品牌是最先推出超短裙的时装品牌之一，并自此名声大震。

作为20世纪60年代巴黎时装界最富有革命性的人物之一，设计师安德烈·库雷热是继时装女王夏奈儿之后第一位将男装的设计素材大胆地运用于女装的设计师，为女性提供简洁明快的款式，并建立起全新的现代美学观念。

在为巴伦西亚加工作了十一年之后，库雷热对时装的理解发生了变化，认为20世纪50年代的紧身窄腰华美女装并不适合于20世纪60年代现代妇女的需要。在1961年他离开了巴伦西亚加公司，与妻子杰奎琳创立了自己的公司，首次的作品是以格子花呢和柔软羊毛织物为面料的设计，摆脱了巴伦西亚加的影响。出于对建筑设计实用主义审美的全面理解，运用曾在巴伦西亚加处学会并熟练掌握的技巧，以及他自己的现代主义倾向，库雷热创造了一种完全不同于巴伦西亚加的新女性形象。

20世纪60年代是库雷热品牌的第一个走红期，其服装集中体现了设计师库雷热的才华。1965年的超短裙是库雷热将街头元素与高级女装技巧的完美结合，并引发了“迷你风貌”（Mini Look）。另外还有被誉为青春化身的“花朵的力量”、“宇航风貌”、“几何风格”和“透视风貌”等，服装色彩鲜艳明亮。库雷热曾推出的未来主义式的几何风格设计，堪称“建筑风”的代表。可以这么说，60年代的主要流行风尚大多与库雷热品牌有关。

在20世纪60年代有诸多创举的设计师库雷热可以称为20世纪最伟大的设计师之一。土木工程师出身的他认为成功的设计来自于对功能的全面理解。理解了功能，恰当的外表形式自然形成。在其作品中，纯装饰性设计很少，而像滚边及简单的后背小腰带之类装饰都是结构上的需要。1964年，库雷热推出休闲而非潮流的款式，衣长及膝、单色彩的饭单式的外衣和套装，剪裁明快简练，款式是简单的方形。秋千式短裙适于较大范围运动，体现了库雷热的自由的裁剪技巧。1965年推出的系列反映了设计师对于山形斜纹针迹的钟爱，连衫裙及裤子的臀部、育克、钥匙孔式领圈以及贴袋上都运用山形针迹，有时用对比色彩如桔黄色和白色，以强调这一细部。裤边开叉使女性身体显得更加修长。

早期的库雷热高级女装仅售于私家代理人，1969年后，库雷热品牌成衣线的开辟使普通时尚爱好者有了享受的机会。但是1969年的“硬边款式”明显有违于流行的“嬉皮风貌”。20世纪70年代的少数民族风格和创新的A型裙配方廓型外套似乎也偏离了同时代的时尚步调，库雷热品牌一度陷入低谷，设计师库雷热也从此淡出时尚主流。

20世纪90年代，时装界开始了回归潮流，尤其是20世纪60、70年代的时尚风貌复活。库雷热品牌虽已退出高级女装行列，但那些具有建筑几何线条分割风格的设计，如短裙系列等，在新一代消费者中再度流行，库雷热品牌再度被人们关注。

浪凡 (Lanvin)

品 牌 档 案

1. 类 型：高级成衣
2. 创始人：让娜 · 朗万 (Jeanne Lavin)
3. 注册地：法国巴黎 1890 年
4. 设计师：① 1890 年一 1946 年，让娜 · 朗万
   1867 年出生，1890 年成立浪凡公司
   ② 1950 年一 1952 年，安东尼奥 · 卡斯特罗 (Antonio del Castillo)
   ③ 1963 年一 1985 年，尤莱 · 弗朗索瓦 · 克拉海 (Jules – Francois Grahay)
   ④ 1985 年起，马里尔 · 朗万 (Maryll Lavin)
   ⑤ 1990 年起，克劳德 · 蒙塔纳 (Claude Montana)
   ⑥ 1992 年起，多米尼克 · 摩尔洛 (Dominique Morhotti)
   ⑦ 1996 年起，奥切曼 · 韦尔索拉特 (Ocimar Versolate)
   ⑧ 1998 年起，克里斯蒂纳 · 奥尔蒂斯 (Cristina Ortiz)
   ⑨ 2002 年起，阿尔伯 · 艾尔巴兹 (Alber Elbaz)
   1996 年一 2001 年间曾服务于 Guy Laroche 和 Yves Saint Laurent 品牌
5. 品牌线：浪凡 (Lavin)
6. 品 类：1890 年成立时推出童装
   1909 年推出高级女装
   1926 年推出男装
   1982 年推出女式运动装、毛皮服装及饰物、高级成衣女装
   1993 年，停止高级女装业务而转向高级成衣和服饰品
   其他还有帽子、香水、化妆品及妇女卫生用品
7. 目标消费群：较高层次的消费群
8. 营销策略：①精品屋
   ②时装展示会
9. 销售地：除在法国本土销售外，美国等其他许多国家均有销售
10. 地 址：法国巴黎 75008，圣 · 奥诺雷，福布尔格 15、22 号
    (15，22 rece du Faubourg St . Honoré , 75008 Paris，France)
11. 奖 项：①舍瓦利耶荣誉勋章奖 1926 年
    ②政府荣誉勋章奖 1938 年
    ③设计师艾尔巴兹获美国时装设计师委员会国际时尚奖 2005 年
12. 博物馆收藏：①伦敦维多利亚阿伯特博物馆
    ②纽约 F.I.T 学院
    ③巴黎时尚服饰博物馆
    ④巴黎流行艺术博物馆
13. 网 址：www.lanvin.com

风 格 综 述

百年品牌浪凡的服装充满朝气和活力，同时又是经典和浪漫的代表。其服装分别为伦敦维多利亚阿伯特博物馆、巴黎时尚服饰博物馆等收藏或展示。

在让娜·朗万主持该品牌的时期，表现为传统的高级女装风格，她的设计思路来源于各个时期的艺术作品，如维亚尔（Vuillard）、勒努瓦（Renoir）、方坦—拉图尔（Fantin—Latour）、奥迪隆·勒东（Odilon Redon）的作品集。书籍、果实、花园、博物馆、旅行、时装集都是她的灵感来源。

浪凡最早推出的是女装和童装。设计师让娜·朗万孩提时的西班牙旅行，给这些服装的装饰提供了灵感。1913年推出女装无袖衬裙。最出名的革新作品“袍式”(Robe de style)是从18世纪巴尼尔裙改制而成。20世纪20年代推出的系列，使用各种不同面料，如丝绸塔夫塔、丝绒、金属线蕾丝、蝉翼纱、西风纱、网眼布等。另外，喝茶用长袍、吃饭时穿的宽大服装、窄袖宽袖笼女外衣、风雪斗蓬以及女式灯笼裙，都是朝气活泼的。第二次世界大战期间，朗万为骑自行车者设计出色泽鲜艳的开叉大衣，感觉上像防毒面具。

在朗万担任设计师的年代，浪凡品牌的服装在装饰上独具特色。出于对光影效果的良好感觉，在绣花时多用机器针迹缝纫或绗缝手段。这种带有迪考艺术(Art Deco)风格的绣花一直延用至20世纪30年代。珠绣和镶嵌补花亦常见于衣装。印染是浪凡的又一装饰眼，浪凡在那时有自己的染色工场，浪凡蓝即在那里发明。这些装饰手段又延用到浪凡品牌的女帽、男装及饰物之中。

强调配色是浪凡风格标志之一。其色泽明亮、精致、富有女性味，如艳紫红色、杏叶绿、浅紫蓝、矢车菊蓝等，而银色系常与黑色或白色结合起来使用。

让娜·朗万去世后，她的家人安东尼奥·卡斯特罗接管公司并试图改变品牌的形象。他的西班牙背景使他偏爱于选择明亮色泽，轻薄与厚重面料的组合，以及更加成熟的风格。而他的后继者尤莱·弗朗索瓦·克拉海又使浪凡恢复到原来的形象。20世纪80年代末90年代初，该公司被欧莱雅等合资收购。1993年起终止高级女装业务而专注于高级成衣。主设计师也几经更迭，其中也不乏有蒙塔纳等名师。但是，品牌业绩终难见起色。

2001年9月，浪凡被欧莱雅发售于中国的爱梦妮亚公司（Harmonie SA）而独立。2002年，被美国版《Vouge》称为世界三大顶级时装设计师之一的阿尔伯·艾尔巴兹受邀担任创意总监，这位以概念哲学著称的成衣设计师将浪凡定位为一个有关梦想的品牌，他的设计传承该品牌的优雅传统，同时又融入自己设计理念并大获成功。如飘逸的不收边设计加上让娜·朗万于20世纪20年代广为人知的缎带和珠饰细节等。

浪凡自创立以来一直在巴黎繁华的圣·奥诺雷大街营业。如今的公司有女装、男装、量身订制西装、配饰、香水及手表这六个部门。品牌风格仍然浪漫迷人、富有朝气，受到尼可·基德曼（Nicole Kidman）等知名女星的青睐。出色的经营和设计让浪凡这个典型的法国名字风云再起。

Louis Féraud Louis Féraud Louis Féraud Louis Féraud Louis Féraud Louis Féraud Louis Féraud Louis

路易 · 费罗 (Louis Féraud)

品 牌 档 案

1. 类 型：高级女装、高级成衣
2. 创始人：路易 · 费罗 (Louis Féraud)
3. 注册地：法国戛纳 (1955 年)
4. 设计师：①路易 · 费罗
   1921 年 2 月出生于法国
   二战时为法国军队的一名中尉
   1955 年第一家高级时装店在戛纳开设
   1975 年移至巴黎并开始成衣设计，同时又是一位出色的画家及小说家
   1999 年 12 月 28 日在巴黎去世
   ② 2000 年伊万 · 米赛费拉 (Yvan Mispelaere)
5. 品牌线：①路易 · 费罗 (Louis Féraud)：高级女装
   ②路易 · 费罗 · 巴黎 (Louis Féraud Paris)：高级成衣
6. 品 类：1955 年推出高级时装
   1965 年起陆续推出香水系列
   1975 年推出高级成衣，男装系列问世
   1989 年运动休闲装问世
   1992 年开发配件饰品
   先后为 80 多部电影及电视片设计服装
7. 目标消费者：①路易 · 费罗针对对时尚很敏感的中高收入消费群
   ②路易 · 费罗 · 巴黎针对中等以上收入消费者
8. 营销策略：①以成衣价格推出华贵优雅时装
   ②专门设计，拥有大批名人名星客户
   ③专卖店
9. 销售地：1955 年戛纳市场
   1975 年开发巴黎市场
   1990 年进入纽约市场
10. 地 址：法国巴黎 75008，圣 · 奥诺雷，福布尔格 88 号
    (88 rue Faubourg St . Honoré , 75008 Paris，France)
11. 奖 项：①金顶针奖 1978 年
    ②金顶针荣誉奖 1984 年
12. 网 址：www.louisferaud.com.ar

风格综述

像大多数艺术家一样，对于身兼画家、作家及时装设计师三重身份的路易·费罗而言，女性是其永不枯竭的设计源泉，也正是这种对于女性的爱慕和崇敬使路易·费罗从二战时的中尉走进了巴黎高级女装及高级成衣这一纯净世界，并很快步入了时装设计的前列。路易·费罗服装品牌也成了最有影响的名牌之一。

对设计师路易·费罗来说，有着和谐生活并不断地寻求舒适与自由的女性是令人心动的。不同的女性个性和形象，反映在他的服装上则表现为不同的主题、不同的情绪。“时装是一个表现时髦的机会，是现实与愿望的有机结合”，路易·费罗常这样说。

路易·费罗品牌有一个强大的设计师队伍，有十多位国际级设计师，还有色彩专家、风格设计专家，这些设计师紧密合作，领导着时装潮流趋势。有人形容他们为“气象预报”，一个新的系列设计马上就引起一个新的时尚热点。“我是为明天的妇女设计，我经常问自己明年该流行什么，我为那些能预见未来流行的妇女充当艺术媒体。”这也许是路易·费罗设计的不算秘密的秘密吧。

路易·费罗品牌服装魅力四射、豪华高级，而价格却是成衣化的价格。从价格上看，路易·费罗品牌可以分成二部分：一部分为成衣价格的“路易·费罗·巴黎”系列，另一部分是“路易·费罗”系列高级女装，和其他同类档次品牌相比价格稍便宜些。

影视服装的设计是路易·费罗的一大品类，他曾为80多部电影电视设计服装，包括名剧《王朝》、《达拉斯》等。影视明星如琼·科林斯(Joan Coffins)、布莱吉·巴铎(Brigitte Bardot)、凯瑟琳·德纳芙(Catherine Deneuve)以及密特朗总统夫人等都钟情于路易·费罗品牌服装。

路易·费罗服装的色彩运用也有独到之处。作为一个画家，费罗的色彩运用总是充满激情的。“色彩是奇异的光”，“所有色彩都是不可缺少的，都极具美感”。每个季节的路易斯·费罗都会推出特别的色彩，而这些色彩并不是受流行趋势的影响，不一样的色彩创造了新的概念。

在经营上，路易·费罗服装也是相当成功的。“我们所需要知道的是市场上什么东西还没有。”正是这种未雨绸缪，使得路易·费罗品牌服装走在市场的前沿，领导着新的流行，并最终使自己走向了辉煌。

蒙塔那 (Montana)

品 牌 档 案

1. 类 型：高级成衣
2. 创始人：克劳德 · 蒙塔那 (Claude Montana)
3. 注册地：法国巴黎 (1979 年)
4. 设计师：克劳德 · 蒙塔那 (Claude Montana)
   1949 年 6 月 29 日出生于法国巴黎，早年学过化学与法律
   1971 年— 1972 年在伦敦，自由首饰设计师
   1973 年，回到巴黎在艾蒂尔 · 居 (Ideal Cuir) 公司任成衣与饰品设计师，后又转到麦克道格拉斯 (MacDouglas) 皮装公司任设计助理
   1974 年升至主设计师
   1975 年— 1978 年，为自由设计师
   1979 年起，成立个人品牌公司并担任设计师
   1989 年— 1992 年，担任浪凡 (Lanvin) 公司高级女装设计师
5. 品牌线：蒙塔那 (Montana)
6. 品 类：1979 年推出女装
   1981 年推出男装
   1986 年推出香水 Montana Pour Femme
   1989 年推出香水 Parfum d' Homme
   1990 年推出香水 Parfum d' Elle
   1991 年推出较低价成衣系列
   1996 年推出毛皮饰品系列
   1998 年推出女装 Montana Blu
   1998 年推出香水 Montana Blu
7. 目标消费群：强调服装个性的社会阶层
8. 营销策略：①设计风格个性十足
   ②专卖店
9. 地 址：法国巴黎 75001，圣但尼街 131 号
   (131 rue St Denis，75001 Paris，France)
10. 奖 项：①梅迪西斯奖 1989 年
   ②香水基金会奖 1990 年
   ③金顶针奖 1990 年、1991 年
11. 网 址：www.claude-montana.com

风 格 综 述

很少有服装像蒙塔那的廓型那样怪异和咄咄逼人，也很少有设计师像他那样遭致众多争议。早在1979年，克劳德·蒙塔那便被很多人视为叛逆者，认为他极有可能昙花一现。他的服装大多使用垫肩，皮革的出现也很频繁。支持者称这种风貌使人看起来十分精干，颇有巴伦西亚加的韵味。反对者则称之为厌恶女人的人眼中的卡通女性形象。

蒙塔那的服装受建筑艺术影响颇深。上装呈厚重的几何图形配合下身铅笔状又细又长的裙子或裤子，其间过渡十分突兀，这种廓型在蒙塔那之前极为鲜见。该品牌服装的肩部和领部常表现夸张，再结合纤细的腰身，流畅的线条成紧贴人体或飘逸而去，很像是舞蹈中旋转的样子，给人以赏心悦目的感觉。

从结构上看，蒙塔那品牌的服装裁剪极为精确。粗看形式简洁，却蕴含着浓厚的女性魅力。在面料上，蒙塔那对皮革的运用堪称史无前例。早在80年代，男装皮茄克便被引入女装，引发众说纷纭，评论界称之为“中性人的癖好”、“仇视女性”、“装饰繁冗”、“不实用”。十年后，卡尔文·克莱因、唐娜·卡伦与拉尔夫·劳伦却纷纷推出类似的作品。事实终于证明，过去被视为极端的东西，后来往往会被逐渐接受，这也已成为时装史上的发展规律。

蒙塔那把抽象的艺术形式与现实的服装平衡起来，他的美学概念是以盘旋的螺旋状与直线条为基础。对此，有人批评为“太多的未来主义与太空时代的风格”，也有人称赞是“未来主义抽象原则方面的进步”。不可否认的是，蒙塔那服装的独特形式对现代时装界有着持久的影响，早已超越了所谓的“先锋艺术”。

从20世纪80年代到90年代，蒙塔那品牌的服装亦有所变化，表现在于隆起的肩部变平坦了，只剩下夸张的大领子依旧传达着向上的讯息。蒙塔那不断地实践，孜孜不倦地探索着时装独特的裁剪方式。他那执着的追求，独特的设计风格，被文化圈内的人士戏称为“坏孩子”，但同时又使蒙塔那品牌在世界名牌殿堂中占据了一席之地。

尼娜 · 里奇 (Nina Ricci)

品 牌 档 案

1. 类 型：高级女装、高级成衣
2. 创始人：尼娜 · 里奇 (Nina Ricci)、罗伯特 · 里奇 (Robert Ricci)
3. 注册地：法国巴黎 (1932 年)
4. 设计师：① 1932 年一 1954 年，尼娜 · 里奇
   1883 年出生于意大利，12 岁时举家移居法国
   1932 年与儿子罗伯特一起成立尼娜 · 里奇公司
   ② 1954 年一 1963 年，克拉海 (Jule Francois Crahay)
   ③ 1963 年一 1999 年，热拉尔 · 皮帕 (Gérard Pipart)
   1933 年 11月 出生于巴黎
   青年时期进入皮尔 · 巴尔曼及杰奎斯费斯 (Jacquefath) 公司任设计师
   1963 年任尼娜 · 里奇公司设计师
   ④ 1999 年起，纳萨尼尔 · 热维尔 (Nathalie Gervais)
5. 品牌线：尼娜 · 里奇 (Nina Ricci)
6. 品 类：1932 年推出高级女装
   1946 年推出香水系列
   1964 年起由皮帕领导设计精品时装
   1974 年香水系列及太阳镜经营取得极大成功
   1986 年推出男装系列
   1992 年推出美容化妆品系列
7. 目标消费群：优雅富有的淑女、男士
8. 营销策略：①专卖店
   ②特许证经营
9. 销售地：总部在法国巴黎，各地均有特许证经营者
10. 地 址：法国巴黎 75008，蒙泰恩大街 39 号
    (39 avenue Montaigne，75008 Paris，France)
11. 奖 项：①香水基金会名誉奖 1982 年
    ②金顶针奖 1987 年
    ③美丽维纳斯奖 1990 年
    ④杰出创造奖 1992 年
12. 网站：www.ninaricci.fr

风格综述

经历了七十多年的风雨，尼娜·里奇品牌始终是时装这一法国豪华工业中最响亮的名字之一，其间设计师几经更迭但设计风格不改。尼娜·里奇的服装以别致的外观、古典且极度女性化的风格深受优雅富有的淑女青睐，赢得良好声誉。直至今天，尼娜·里奇仍拥有高级女装的称号，而该品牌的内涵已包容有高级女装、高级成衣、男装、饰品、香水、化妆品等五大门类，年营业额过亿欧元。

20世纪30年代始创时，尼娜·里奇的风格就与埃尔莎·斯基亚帕雷利(Elsa Schiaparelli)和夏奈尔等以时装革新为主的品牌不同，它有着相当特殊的雅致的细部表示，这些细节使服装获得了最大限度的轻便，当穿着者在行走或跳舞时，衣服不会妨碍人的运动。细部表现相当女性化，如打褶皱、缝裥、悬垂、露肩服和贴身服装细节。在面料运用方面也别具匠心，如将苏格兰格子布斜裁用于晚礼服；黑色丝绸印花布的有花纹部分展示于胸部之上，胸部之下是直筒形的丝绸面料。这些设计都非常理智而富有创造性。

以女性特有的直觉敏感，设计师尼娜·里奇的创作总是充满女性味。她设计服装时，把面料直接披在模特儿身上，这样她就能想象得出这衣服将会或者应该是怎么样效果。她13岁到裁缝铺学徒，18岁主持设计室。1932年，49岁的尼娜·里奇与儿子罗伯特一起成立了公司，并在最初的十年里就得到迅猛发展。到1939年，公司已拥有了三幢大楼十一层楼面。

20世纪50年代，尼娜·里奇退休，罗伯特·里奇接管。罗伯特的信念是“让妇女变得更漂亮，每个人都有个性、有魅力，使生活更美丽。”他发展了许多尼娜·里奇公司的分支机构及特许证经营者。1945年后，各种香水先后推出。20世纪70年代后期光太阳镜经营获利六百多万美元。1979年，公司迁址至巴黎金三角的心脏蒙泰恩街。作为法国最大的时装公司之一，其业务涉及高级女装、成衣和流行服饰、毛皮业、手表业、眼镜业和首饰业等，名声已可和迪奥等相媲美。20世纪80年代后期，尼娜·里奇成功地开拓了男装和男用化妆品系列，销售直线上升。

尼娜·里奇品牌在选用设计师方面相当成功。1954年，比利时设计师克拉海被任命为总设计师，他的作品体现了尼娜·里奇式的女性风貌，《纽约时报》评论他的系列为“完全的女性味道——漂亮的色彩搭配和面料，款式不奇特却格外优雅”。1963年起，由热拉尔·皮帕担任设计师，其设计也是典型的里奇风格：漂亮的蕾丝、专门制作的面料、贴花及天然纤维等。1999年起，纳萨尼尔·热维尔执掌尼娜·里奇的设计工作。正是这些设计师，继承并发扬了尼娜·里奇品牌风格，使尼娜·里奇深入人心，延续辉煌。

皮尔 · 巴尔曼 (Pierre Balmain)

品 牌 档 案

1. 类 型：高级女装、高级成衣
2. 创始人：皮尔 · 巴尔曼 (Pierre Balmain)
3. 注册地：法国巴黎 (1945 年)
4. 设计师：① 1945 年一 1982 年，皮尔 · 巴尔曼
   1914 年出生于法国萨瓦 (Savoie)
   1933 年一 1934 年在巴黎学习建筑学
   1934 年一 1938 年任巴黎莫利纽克斯 (Molyneux) 助理设计师
   1939 年一 1945 年任巴黎吕西安 · 勒隆 (Lucien Lelong) 设计师
   1945 年成立巴尔曼公司，主持皮尔 · 巴尔曼品牌的设计
   ② 1982 年一 1990 年，埃里克 · 莫坦 (Erik Mortensen)
   ③ 1990 年一 1992 年，哈佛 · 皮尔 (Herve Pierre)
   ④ 1992 年起，奥斯卡 · 德拉伦塔 (Oscar de la Renta) 主持女装设计；伯纳德 · 桑 (Bernard Sanz) 主持男装设计
   ⑤ 2000 年，洛朗 · 麦希耶 (Laurent Mercie)
   ⑥ 2003 年，克里斯托夫 · 勒布 (Christophe Lebourg)
5. 品牌线：皮尔 · 巴尔曼 (Pierre Balmain)
6. 品 类：1945 年推出高级女装
   1945 年推出系列香水
   1982 年推出高级成衣系列
   20 世纪 50 年代起为戏剧、电影、芭蕾舞团设计
7. 目标消费群：①富有淑女
   ②皇室成员及贵族妇女，电影明星、戏剧明星等
   ③社会上层人士
8. 营销策略：①专门设计
   ②专卖店
9. 销售地：1945 年在法国巴黎开设时装店
   1951 年进入美国纽约
   现在全世界有多家专卖店
10. 地 址：法国巴黎 75008，弗朗科街 44 号
    (44 rue Francios-Ier，75008 Paris，France)
11. 奖 项：①达拉斯奈门一马科斯奖 1955 年
    ②哥本哈根邓布朗哥勋章奖 1963 年
    ③政府荣誉勋章奖 1978 年
    ④巴黎城市红色纪念章奖
12. 网 站：www.balmain.com

风格综述

1993年12月在上海的“皮尔·巴尔曼”展示，大概算是它在中国的第一次亮相，当时的品牌有一个与其服装相配中文译名“珮雅宝文”。1996年后，该品牌又两次将高级女装秀搬进上海国际服装文化节的T台。由于其至今没有正式进入中国市场销售服装，这里仍按习惯译称为“皮尔·巴尔曼”。

巴尔曼的服装是活动的建筑，它使人体更加漂亮迷人。从公司创立起，皮尔·巴尔曼服装就享誉全球，是自第二次世界大战后第一家在全球研究妇女衣着的公司。

1945年10月14日，巴尔曼时装屋在巴黎开设，获得如潮好评：它使服装再次变得美好，表达了一种优雅与体面，同时又带些悠闲，体现了一种“新的法国风貌”，作家斯坦 (Gertrude stein)如此称之。女装结构简洁、廓形设计成长钟形、高胸节线、窄肩、细腰，舍弃了战争留在女性身上的痕迹，表现出一种新的充满希望的激情。

20世纪50年代，巴尔曼服装建立了女性雅致、活跃、积极、爱心的形象。女西服上衣与裙子、小腰身女式大衣的组合代表了这一“漂亮太太”时代。

巴尔曼是同时代中少数几位为戏院、芭蕾舞团设计的设计师之一。20世纪50年代初，使用新开发的面料，为演艺界明星们制作服装。他同时也为皇室设计服装，1960年泰国皇后访问美国时，就邀请巴尔曼设计全套服装。

20世纪70、80年代，巴尔曼服装经营取得突破性进展，成衣业推进到整个国际市场，并在全球各地建立了220个专卖店。

巴尔曼品牌的形象，在历代设计师手里得以延续和弘扬。品牌创始人皮尔·巴尔曼是一位天才的设计师。最初他是学习建筑的，这给了他时装设计的灵感，在活生生的人身上表现了服装的美。20世纪50年代，他被誉为巴黎三巨头之一。他周游世界、发表演说，把巴尔曼时装的优雅、精致这一概念推向世界并矢志不渝，即使在超短裙风行的时期，他也仅将裙略加缩短以保持那种矜持的雅致。1982年巴尔曼去世后，埃里克·莫坦接手管理。既保持了原有的传统，又发展更新了设计与制作。1983年至1984年秋冬服装系列获得法国高级时装“金顶针”奖。1990年莫坦离开巴尔曼公司，设计师哈佛·皮尔继任。1993年，国际著名女装设计大师奥斯卡·德拉伦塔为巴尔曼公司作了第一次高级女装展示会，同时开始接手巴尔曼公司高级女装与成衣设计，并成为名师和名牌合作的典范。2000年，巴尔曼品牌任用巴黎时装界新宠儿洛朗·麦希耶为设计总监，可惜他的加入并没有带来正面效益，也许是他的设计太沉重，缺乏皮尔·巴尔曼品牌一贯的轻盈和现代感。2003年，克里斯托夫·勒布为巴尔曼举办的第一场秀选择在非常私密的巴黎现代美术馆地下室举行，整场时装展看不到一点印花布料的影子，单色的素材就是为了要凸显巴尔曼品牌惯有的高贵优雅。在他的晚装中，折纸艺术的概念运用依稀黏附有巴尔曼本人的影子，但又加上了勒布特有的镂空设计，在多层次的剪裁下依然轻盈、诱人，充满女神般的典雅。

巴尔曼的服装一直十分注重结构，并认为简洁会带来优雅。日常装的基本廓形是苗条，而晚装以长裙为主，较多地运用披肩装饰，有时亦将毛皮或绣花织物应用在晚装上。“抓拄时尚的基本原则，那么你就会经常地跟最新的流行一致，而不会被流行所吞没”，这是当年艺术家式的设计师巴尔曼的名言，而皮尔·巴尔曼品牌则一直是巴黎时装艺术的化身。

皮尔 · 卡丹 (Pierre Cardin)

品 牌 档 案

1. 类 型：高级女装，高级成衣
2. 创始人：皮尔 · 卡丹（Pierre Cardin）
3. 注册地：法国巴黎（1950 年）
4. 设计师：皮尔 · 卡丹
   1922 年 7 月出生于意大利
   早年于法国学习建筑
   1936 年一 1940 年先后经营书店、做过裁缝，二战时服务于国际红十字会
   1945 年一 1946 年任巴黎斯基亚帕雷利（Elsa Schiaparelli）时装店的助理设计师
   1946 年一 1950 年巴黎迪奥时装店制作主管，参与迪奥“新风貌”的设计
   1950 年创立皮尔 · 卡丹公司，并任设计师
5. 品牌线：皮尔 · 卡丹 (Pierre Cardin)
6. 品 类：1950 年推出高级女装
   1959 年推出高级成衣
   1968 年开发以卡丹为名的面料
   1969 年童装产品问世
   1946 年起设计电影服装
   拥有超过 600 个的许可证经营。现有产品：礼服、男女成衣、便装休闲运动装、饰品配件、化妆品、香水、室内装饰品、家具、日用品、香烟等
7. 目标消费群：高级女装针对高收入阶层，高级成衣针对中等收入阶层
8. 营销策略：①以高级女装为标志，高级成衣为主要销售产品
   ②以品牌许可证形式，扩大其产品生产与经营规模
   ③专卖店及专门设计
9. 销售地：1951 年巴黎市场
   1958 年进入日本市场
   1978 年进入中国市场
   在俄罗斯、罗马尼亚等东欧国家有良好销售业绩，世界各地有售
10. 地 址：法国巴黎 75008，圣 · 奥诺雷，福布尔格 82 号
    (82 rue Fanbourg St . Honoré , 75008 Paris，France)
11. 奖 项：①周日时报国际时装奖（伦敦）1963 年
    ②金顶针奖 1977 年、1979 年、1982 年
    ③舍瓦利耶荣誉勋章奖 1983 年
    ④巴黎奥斯卡时装奖 1985 年
    ⑤意大利梅里特勋章奖 1988 年
12. 网 站：www.pierrecardin.com

风格综述

无论从设计还是经营角度看，皮尔·卡丹品牌都是成功的范例，无论是高级女装还是高级成衣，皮尔·卡丹品牌都是杰出风范的代表，这些都与设计师皮尔·卡丹紧紧地联系在一起，是卡丹设计天才的表现。

皮尔·卡丹品牌注重裁剪的主体质感及整体结构，从创建至今，风格一贯不变。它的作品有意背离了传统的表现女性柔美曲线的服装设计方法，以厚重的羊毛织物及罗纹针织面料突出强调服装本身的结构线条而非其下的人体，这种普通消费者经常看不懂想不通的设计，在皮尔·卡丹高级女装中却取得很大成功，被评论界誉为典型的“建筑风”。如1959年的汽球型裙装，只有下摆处抽绳才体现了人的形体。其后于20世纪60年代的堆积手法、80年代的箍扎方式莫不如此。

1964年的“太空时代”系列体现了设计师皮尔·卡丹对于科学、技术进步的浪漫想像，以合成纤维为材料的白色针织塔巴德式(tabards)外衣配以圆筒形裙子。卡丹无疑是当时的前卫派设计师，这时期他的作品如透明装、紧身服、束腰装、金属装饰品等，均被称为“革命性的时装”。卡丹也是服装历史的关注者，灵感来源于中世纪的苏尔考特维持的“夏苏布尔 ”(chasuble)式连衣裙，利用两种对比色形成分割造型。在面料运用方面，卡丹被誉为“布料魔术师”，他拥有自己的面料品牌“卡丹”，利用面料对比而设计的大敞翻领和小盆领女服，造型立体，结构宽松，具简洁优雅之风格。

早在20世纪60年代，皮尔·卡丹就为女性推出“中性风貌”服装，露腿的迷你短裙下穿厚实不透明的紧身裤以及长至大腿的长统靴。而在70年代，螺旋形或似泡沫般层积的印花西风纱晚礼服引人注目，安哥拉羊毛针织衫及手风琴褶裥款式也是这一时期的特征。

皮尔·卡丹是战后第一个向传统英式男装提出挑战的品牌。甲壳虫乐队穿着的卡丹式高钮位无领茄克衫是20世纪60年代时髦男子的必备服装，当与高圆套领羊毛衫一起穿着时，显示出一种悠闲而不失雅致的风貌，皮尔·卡丹为男性创造了新的形象，突破传统而走向时尚。

皮尔·卡丹是最先一位关注和开发成衣市场的高级女装设计师，他认为成衣也能做得很精致并含有相当的设计内涵。20世纪50年代他就率先进入成衣市场，其后他与十余位同行成立了“高级成衣设计师协会”。并利用其高级女装的名声和影响推出同样品牌的高级成衣。当然，在成衣中，卡丹的设计并未完全如他的高级女装那样张扬个性，而是更加尊重大众的意趣，将设计要点有选择地隐含于流行之中，不时给消费者以惊喜。

皮尔·卡丹的经营天才不仅在于其服装经营，他成功地利用品牌租赁式的“特许证经营”将皮尔·卡丹品牌推向各类生活用品，这种经营方式成了高级女装的敛财之道。皮尔·卡丹是最早进入中国市场并让中国人感知巴黎时尚的西方品牌，拥有皮尔·卡丹西装(成衣类)曾是部分中国人事业成功的标志之一。当然，曾经一度过度的成衣扩展也给皮尔·卡丹带来一些负面效应，以致该品牌在21世纪初不得不清理特许加盟商。而随着设计师的年岁渐高，品牌有意易主的消息时有传闻，据说皮尔·卡丹很希望将品牌转售给东方人，价格大致为40到60亿美元。

在1996年亚特兰大奥运会上，皮尔·卡丹举行了大型服装展示，这不但是皮尔·卡丹对于奥运会的献礼，也是世界对于这位设计师的褒奖。2000年，名为Cardin Saint-Ouen France的新文化中心正式落成。

皮尔·卡丹品牌，是20世纪50年代以来服装界成功的典范，作为设计师的皮尔·卡丹也成了法国首屈一指的富翁。

切瑞蒂 1881 (Cerruti 1881)

品 牌 档 案

1. 类 型：高级成衣
2. 创始人：尼诺 · 切瑞蒂 (Nino Cerruti)
3. 注册地：法国巴黎 (1967 年)
4. 设计师：尼诺 · 切瑞蒂
   1930 年出生于意大利
   1950 年出任家族产业兄弟纺织品公司总经理
   1967 年在巴黎开设时装店
5. 品牌线：①切瑞蒂 1881(Cerruti1881)：男装
   ②切瑞蒂 (Cerruti)：时装、香水
6. 品 类：1957 年推出男装产品
   1967 年于巴黎开设 Cerruti 1881 时装店
   1976 年推出女装成衣
   1978 年— 1988 年推出系列香水
   1980 年推出运动装
   另有电影服装设计等
7. 目标消费群：高中收入消费层
8. 营销策略：①以男装为中心，品类延伸至女装等
   ②专卖店
9. 销售地：1957 年进入意大利市场
   1967 年进入法国市场
   世界各大城市开设专卖店
10. 地 址：法国巴黎 75008，马德莱娜，普莱斯 3 号
    (3 place de la Madeleine，75008 Paris，France)
11. 奖 项：①贝斯服装博物馆年奖 1978 年
    ②库蒂 · 沙克奖 1982 年、1988 年
    ③彼蒂 · 尤莫奖 1986 年
    ④第十四届的巴黎电影节中，尼诺 · 切瑞蒂被授予特别大奖
    ⑤ 1999 年，尼诺 · 切瑞蒂获 FiFi Award 颁发的最佳男装香水瓶大奖
12. 网 站：www.cerruti.it

风 格 综 述

“当男人穿上西装时，他应该看起来像那些重要的头面人物”，有意大利时装之父称誉的尼诺·切瑞蒂(Nino Cerruti)对他的切瑞蒂1881品牌男装的解释可以说明为什么切瑞蒂品牌能名扬四海。事实上，切瑞蒂家族在1881年已经建立面料工厂，而尼诺·切瑞蒂早在1957年就推出了男装品牌“攻击手” (Hitman)，1963年又推出了针织服装，但是，1967年诞生于巴黎的切瑞蒂1881品牌才是尼诺·切瑞蒂设计理念的完美体现。对于传统因素的遵循和拓展，奠定了切瑞蒂品牌划时代的地位。

切瑞蒂品牌服装具有流线型的设计风格，在1993／1994年巴黎的秋冬男装发布会上，切瑞蒂带给人们前所未有的新男装，其茄克衫设计无行动约束，舒适潇洒，且又不致过于随意无型而不适于办公等公务场合。而加长三钮单排扣款型类似于当时风头正健的阿玛尼风貌。在裁剪上，意大利式的手工传统得到充分的运用，而英国式的色彩配置及法国式的样式风格，为切瑞蒂服装拌入了经典但又新鲜的品味。但切瑞蒂品牌在弘扬传统的同时，又以现代科技为手段占领市场，这是种全新的挑战，在理性科学与感性艺术间寻找完美平衡。在21世纪，切瑞蒂品牌的服装依然时常给人带来时尚惊喜。

切瑞蒂品牌极其注重面料的选用，优质昂贵面料如人字型斜纹呢、牙签条等传统织物常用于男装上，手感丰糯、舒适。而以切瑞蒂为吊牌的毛料也成为毛料中的上品。

切瑞蒂品牌设计师尼诺·切瑞蒂曾设计过电影服装，《西区美女》中杰克·尼科尔森(Jack Nicholson)的服装及1993年奥斯卡获奖电影《费城故事》中的服装设计均出自尼诺·切瑞蒂之手。尼诺常说这样一句话：“在日常生活中，创意与新奇、有趣是很有必要的，但我的设计更是实用、真实之作”。从20岁开始接管切瑞蒂兄弟公司，直至今天将切瑞蒂发展成为世界著名服装品牌，尼诺·切瑞蒂不仅是名优秀的时装设计师，更是一位成功的商人和经营管理者。实际上，尼诺更多地扮演了一个商业设计师的角色，而非原创设计师。即便在今天的香水和广告设计中，与其说是依靠他的原创设计，还不如说是依赖于他对于商业、市场的敏锐观察。尼诺·切瑞蒂被称为第二次大战后崛起的典型意大利成功设计师，其自身的价值观念、才能、严谨的品味风格，影响了很多欲在时尚界取得成功的人士。

为进一步赢得品牌的发展，尼诺·切瑞蒂于2000年将公司的控股权卖给意大利的Fin. Part公司。2001年，Fin. Part公司买入了剩余的股票，从而迫使切瑞蒂退出公司的管理层。但是，切瑞蒂1881品牌的风格并未变化。

1990年，尼诺曾这样预测未来的男装：一方面更加精练，另一方面又将日趋日常化，是一种具有传统优雅与整肃的简洁风格。到21世纪的今天，切瑞蒂1881品牌验证了尼诺的预言并且先行一步，以男装为中心，其女装和针织服装同样引人入胜。

让 · 保罗 · 戈尔捷 (Jean Paul Gaultier)

品 牌 档 案

1. 类 型：高级女装、高级成衣
2. 创始人：让 · 保罗 · 戈尔捷 (Jean Paul Gaultier)
3. 注册地：法国巴黎 (1978 年)
4. 设计师：让 · 保罗 · 戈尔捷
   1952 年 4 月出生于法国巴黎
   1972 年一 1974 年任皮尔 · 卡丹的助理设计师，并为帕图 (Patou) 公司工作
   1974 年一 1975 年任皮尔 · 卡丹美国分部设计师
   1976 年一 1978 年任米耶尔高 (Majago) 公司设计师
   1978 年自创让 · 保罗 · 戈尔捷 S.A 公司
   1997 年开设高级女装屋
   2004 年成为赫尔梅斯 (Hermès) 首席设计师
5. 品牌线：让 · 保罗 · 戈尔捷 (Jean Paul Gaultier)
6. 品 类：1978 年推出高级成衣女装
   1984 年推出男装系列
   1987 年推出年轻人系列
   1988 年增加珠宝饰品许可证经营
   1991 年推出香水
   1992 年推出牛仔装，增加家具产品
   1997 年推出高级女装
7. 目标消费群：高中收入和注重先锋时尚的社会阶层
8. 营销策略：①品牌形象独特，注重产品品类的多元化开发
   ②专卖店
   ③许可证经营
   ④时装表演等服装推广形式别具一格
9. 销售地：法国、日本、意大利、美国等地
10. 地 址：法国巴黎 75002，维弗纳，加勒里埃邓 70 号
    (70 Galerie Vlvenng，75002 Paris，France)
11. 奖 项：①巴黎奥斯卡时装奖 1987 年
    ②美国时装设计师委员会年度最佳国际设计师 2000 年
12. 网 站：www.jeanpaul-gaultier.com

风格综述

2004年10月23日，在上海复兴公园内举行的“让·保罗·戈尔捷十年回顾展”让中国人近距离感受到戈尔捷的设计以及有“时装界的坏小子”之称的设计师本人。戈尔捷品牌服装常被认为是超写实的，但又并非完全怪异的，它总能让人在目瞪口呆后拍手叫好。戈尔捷服装是反对崇拜偶象、反对传统的，把通俗植入高级时装，融古今雅俗为一体。它那诱人的风趣的设计重新诠释了法国的时装理念。

服装本身是无性别的，无论是男是女，并不会因其所着服装而改变性别。戈尔捷品牌是设计师如此思想的具体体现，它对于传统的性别观念尤其是巴黎高级女装界固定的女性形象提出了挑战。在20世纪80年代，传统的关于紧身胸衣的概念是为外面更重要的外衣穿着提供结构上的辅助作用，它是秘不见人的，而戈尔捷推崇内衣外穿，他的一系列设计引起了人们的争论。1982年紧身胸衣系列，突出强调了女性胸部的魅力，同时让人联想起50年代穿套衫少女的锥形文胸的优雅迷人。1990年为麦当娜的巡回演出而专门设计的系列，引起了人们极大的关注。

在男装设计上，戈尔捷也表现出他的反叛性并对传统男装进行改进，改革后的式样总能在欧洲各大都市流行开来，如将肩线加宽加大，在领子上装饰以金属扣等。对于茄克的改进，则是将其加长且使臀部至大腿上部合体紧身，展示男性健康的体魄。1982年的男装发布会是其对男性自恋倾向与男性性感服饰的认可，这也对其他设计师如范思哲等极深影响。1984年的细条子套装可说是中性服装。此外，蓝色茄克衫、无袖套领罩衫、裙子、紧身胸衣、芭蕾舞短裙等男装设计，这些弱化了雄性概念的男装款式独树一帜。

戈尔捷的作品展示也经常表现为反传统的模式。女模特们抽着香烟，男模特儿则穿着透明的花边裙列队而行。

新的高科技面料给戈尔捷服装增加了新的热点。其中以现代人造纤维以及非常规纤维的氯丁橡胶等的应用最为著称。在常规面料的应用中经常打破传统也体现了戈尔捷的不落俗套，如将常用于晚礼服中的西风纱运用至其牛仔服的设计之中。

设计师戈尔捷对法国时装界总把眼光投向上流社会一味追求高贵华美颇不以为然。从朋克到跳蚤市场，自法国大革命时期的卖花女到如今的娼妓都成了他的服饰创作素材，他对生活的热爱体现于其热烈的设计风格，与三宅一生等现代派的“酷”设计形成鲜明比照。1997年，戈尔捷的高级时装屋开张，他的灵感来自于东方印度和中国西藏的系列，以其新奇、怪诞而又充满欢乐的鲜明风格，再度占领巴黎时装的主导地位。1999年，戈尔捷收购了著名的法国奢侈品品牌赫尔梅斯35%股份。2004年，戈尔捷本人兼任赫尔梅斯的设计师。

进入21世纪，让·保罗·戈尔捷品牌开始进军中国市场。继2003年底在台北101开设专卖店之后，2004年3月大陆的首家专卖店于北京王府井饭店内揭幕，6月又在上海久光百货开了第二家店，这3家店的概念完全和戈尔捷品牌的巴黎店一样，在任何一家店内都可以感受到真实的和原汁原味的戈尔捷。

让 · 路易 · 谢瑞 (Jean Louis Scherrer)

品 牌 档 案

1. 类 型：高级女装、高级成衣
2. 创始人：让 · 路易 · 谢瑞 (Jean Louis Scherrer)
3. 注册地：法国巴黎 (1961 年)
4. 设计师：①让 · 路易 · 谢瑞
   1936 年出生于法国巴黎，学习过芭蕾舞和时装设计
   1955 年— 1957 年在迪奥公司当学徒及助理
   1957 年— 1959 年在迪奥公司任圣 · 洛朗的助手
   1959 年— 1961 年任路易 · 费罗 (Louis Ferand) 的设计师
   1961 年创立谢瑞品牌
   ② 1998 年起，斯蒂芬尼 · 罗兰 (Stephane Rolland)
5. 品牌线：①让 · 路易 · 谢瑞 (Jean Louis Scherrer)：女装
   ②让 · 路易 · 谢瑞 SA(Jean Louis Scherrer SA)：以男装为主
6. 品 类：1961 年推出高级女装
   1971 年推出高级成衣系列
   1979 年及 1986 年推出系列香水
   1981 年推出沐浴系列香水
   1992 年推出男装系列
7. 目标消费群：政界及社交界女性、明星、贵族女性、中上阶层
8. 营销策略：①专卖店
   ②专门设计
   ③百货店经销
9. 销售地：1961 年法国巴黎
   20 世纪 70 年代中期进入纽约等地
   目前全世界有超过 25 个国家的一百多家专卖店
10. 地 址：法国巴黎 75008，蒙泰恩大街 51 号
    (51 Avenue Montaigne，75008 Paris，France)
11. 奖 项：巴黎金顶针奖 1980 年

风 格 综 述

20世纪60年代，正当评论家预言传统女装行将消失之时，让·路易·谢瑞的高级女装以它那古典的、适度的、娴熟而富有技巧的、性感但非俗套的设计，迅速地崛起于世，世界各地富有贵妇纷纷走入它的客户行列：法国总统夫人及女儿、约旦皇后、帕特里夏·肯尼迪(Patricia Kennedy Law-ford)、伊莎贝拉·奥玛奴(Isabelle d’Ormano)、南· 肯普纳(Nan Kempner)以及索菲亚·罗兰 (Sophia Loren)等。

20世纪70年代中期，饰以小金属圆片的西风纱晚礼服是谢瑞的主要产品。在谢瑞的产品线中，经常可见华美的成衣，款式简洁，价格比高级女装便宜，但风格仍是华丽的。在其中一个专卖店里，以他的女儿为模特儿，展示宽松的豹纹图案的茄克衫，配以钟罩形豹纹帽，下穿黑色苗条皮革裙。

谢瑞品牌服装并不在创造流行之行列，但其作品却反映出设计师对流行的提炼总结。20世纪80年代，当每个人都还穿着宝塔式荷叶边裙时，谢瑞适时适度推出一个系列：丝质面料、衣长及膝、长袖衬衫领，风采雍丽。谢瑞服装的一个主要特征是“性感的外形”。米色的羊绒大衣，绣花大方巾或包头巾，使人联想起俄国的安娜·卡列尼娜，联想起20世纪70年代后期圣·洛朗革新的“俄罗斯风貌”。谢瑞经常借助于东方奇特的细节表现手法，在其系列里，时常有灵感来自于中国和蒙古的大衣或茄克。在80年代谢瑞品牌的高峰时期，其女装十分丰富，大量推出珠饰柞丝茄克、束腰外衣、裤子等。珠宝、羽毛装饰的穆斯林头巾，更让人幻想起20世纪初保罗·波华亥(Paul Poiret)的“阿拉伯之夜”。其他堪称极品的夜礼服包括提花塔夫塔面料球形长袍，帕斯力图案金银线织物的裙子上配宝石绣花茄克，在这些服装上都使用了老式的手工制作和手工绣花工艺。

谢瑞的日装同样华彩纷呈，视感丰富。毛织物上镶丝绒贴花是其惯用手法。双排钮大衣上配金线滚边，西风纱和丝绸面料用于外套和裙子，皮革和毛皮用于大衣。20世纪80年代后期，服装下摆线上升风行一时，而谢瑞却继续推出至小腿肚子长度的裙子。对设计师谢瑞来讲，服装结构及精美的制作工艺远比服装形式更新来得重要。长的包裹式的款式令顾客满意，同时这也是他的顾客富有和身份的一种象征。

进入20世纪90年代，谢瑞继续采用豪华的面料，款式趋于多样有长的、短的、鲜艳的色彩、拼缝花型、格子花型、紧身的连衫裙、女性化的男西装以及猎装等。以让·路易·谢瑞SA为名推出的男式春秋装，富有想象力且具高质量。1998年，斯蒂芬尼·罗兰担任谢瑞品牌的设计师，并于2002年带着谢瑞品牌的作品造访中国。

设计师谢瑞早期曾接受过舞蹈和时装设计训练，在迪奥和圣·洛朗身边当助手的日子为他的设计打下基础。他的设计适于各种公众形象妇女，如从事政治的、戏剧的、艺术的以及皇宫贵族等，并深受欢迎。20世纪70年代中期，该品牌在美国就有一百多家商店，包括纽约著名的伯格道尔夫·古得曼(Bergdorf Goodman)商店也经销其产品。2001年，让·路易·谢瑞品牌在北京开设专卖店，在中国的市场策略侧重营造如同亲临法国的贵族气氛，更挑选了具有优雅气质的影星张曼玉为代言人。如今，在二十多个国家可以找到谢瑞品牌的销售地。

森英惠 (Hanae Mori)

品 牌 档 案

1. 类 型：高级女装、高级成衣
2. 创始人：森英惠 (Hanae Mori)
3. 注册地：法国巴黎 (1977 年)
4. 设计师：森英惠
   1926 年 1 月出身于东京
   1947 年毕业于东京克里斯汀女子大学国语系
   1951 年在东京新宿开设第一家裁缝铺
   1954 年起为电影戏剧设计戏装
   1965 年第一次时装展出在纽约举行
   1977 年推出高级女装系列并加入巴黎高级女装联合会
   1985 年、1986 年分别为歌剧“蝴蝶夫人”和“灰姑娘”设计戏装
   1991 年，日本冬奥会组委会成员，东京工商联合会文化促进会主席
5. 品牌线：森英惠 (Hanae Mori)
6. 品 类：1977 年在巴黎推出高级女装系列
   80 年代中期起设计戏剧服装
   相继推出日装、晚礼服、高级成衣系列
7. 目标消费群：①富有的都市妇女
   ②专门为舞蹈团、剧院、电影公司等设计剧装
8. 营销策略：①专门设计
   ②专卖店
   ③展示会
9. 销售地：法国等地
10. 地 址：日本东京都港区北青山丁目 3，6-1
    (6-1，3 Chome，Kita-Aoyama，Minato-KV，Tokyo，Japan)
11. 奖 项：①奈门一马科斯奖 1973 年
    ②明尼苏达博物馆男士象征奖 1978 年
    ③舍瓦利耶艺术和文学十字勋章奖 1984 年
    ④日本紫带装饰奖 1988 年
    ⑤朝日日本时装开拓者奖 1988 年
12. 网 址：www.morihanae.co.jp

风格综述

森英惠品牌位于巴黎高级女装之列，而且是其中唯一的由日本设计师担纲的高级女装。服装的女性化和实用性是森英惠恪守的原则，在森英惠品牌高级女装及高级成衣中， 既有日本传统文化的折射，又有来自东方的影响与西方服饰理念的巧妙平衡。人们可以发现，森英惠设计是非潮流趋势的，甚至于有点保守，但却是女性化的，而正是这点，使森英惠在竞争激烈的巴黎时装界占有一席之地。

在日装中，色彩和面料质地巧妙结合使用，加上细微的线条组合，表达细腻微妙的女性美，剪裁简洁实用，服装易于穿着，深受大都市女性青睐。1989春夏系列是质地飘逸手感细腻的丝绸女装：彩色花型、简单的女衬衫款式及黑色背景里突出的粉红色茄克。

作为设计师，把质地优良面料与适体的裁剪结合起来是森英惠的基本手法，同时她把自己对于戏剧的理解运用到她那耀眼的晚礼服上，细致地诠释了她的设计理念。她丈夫专门为此设计生产了富有光泽的印花面料。图案上，她的设计以蝴蝶为特征，并因此得到“蝴蝶夫人”的美誉。尽管她的大多数的设计是一种节制的雅致，她的晚礼服却经常地出现在那些令人振奋的领域、场合。1981年曾推出柔和的薄丝绸女装，豹纹印花、深袒胸露肩款式、面料柔软、悬垂性好。另有一些服装，采用明亮的暖色调排列，引起人们的兴趣。日本和服式的廓型和剪裁，使人感受到强烈的日本风味。90年代初，森英惠的服装很富有灵气，把欧洲的剪裁和日本的色彩及对于美的理想连为一体，用日本设计师惯用的不对称法设计款式，在独特的丝绸面料上印上线条型花纹，这些面料的自然表现力和恰到好处的剪裁都为实在的款式增添奇异的魅力。这些时髦女装，会给所有穿着者带来一种美妙的视觉效果。

与艺术紧密相连是森英惠服装的另一主要特色。她早期为日本电影设计大量服装的经验，使森英惠能敏锐感知色彩，运用色彩、面料表达不同情感，也使她对服装的戏剧效果更敏感，这在她为歌剧和芭蕾舞演员设计的服装中得到淋漓的发挥，在那些衣服中，她偏爱的精细面料及色彩品味有了充分的展现。

森英惠品牌服装的成功，充分体现了交叉文化的参考价值。她的服装迎合时代女性简单的廓型，良好的服用性能的需要。由于设计师本人的日本背景及对于戏剧的钟爱，森英惠服装体现了手感丰满、面料华贵、印花鲜艳、色泽明亮的特征，这不但使设计师本人在巴黎高级女装领域有所作为，也让森英惠品牌曾经具有全球性的市场份额。但是，目前森英惠品牌的成衣却陷入困境，这不得不让人感叹时尚的多变。

夏奈尔 (Chanel)

品 牌 档 案

1. 类 型：高级女装、高级成衣
2. 创始人：加布里埃 · 夏奈尔 (Gabrielle Chanel)
3. 注册地：法国巴黎 (1913 年)
4. 设计师：① 1913 年— 1971 年加布里埃 · 夏奈尔 (Gabrielle Chanel)
   1883年8月19日出生于法国的奥弗涅(Auvergne)
   1895年—1902年在法国奥弗涅的教会孤儿院及学校接受教育
   1902年—1904年，女店员
   1905年—1908年，穆兰(Moulins)及维希(Vichy)地区咖啡馆中任歌手，艺名为“可可”(Coco)
   1908年—1909年，与艾蒂安·马尔桑(Etienne Balsan)在巴黎生活
   1913年，在阿蒂尔·卡佩尔(Arthur Cappel)支持下在巴黎自创女帽及时装店
   1945年—1953年，以旅游者身份定居于洛桑(Lausanne)
   1954年，重新开办关闭于二战期间的时装店
   1912年—1937年间担任过舞台戏剧服装设计师，1931年—1962年间亦为电影设计服装
   ②1971年—1983年，设计师群
   ③1983年起，卡尔·拉格菲尔德(Karl Largerfeld)
5. 品牌线：夏奈尔 (Chanel)
6. 品 类：1913 年，开设女帽及时装店
   1921年起开发各式香水，如：1921年，No.5香水；1921年，No.22香水；1924年，Cuir de Russie香水；1970年，No.19香水；1974年，Cristalle香水；1984年，COCO香水；1990年，Egoiste男用香水；1996年，Allure香水
   其他还有各类配件、饰品、化妆品等
7. 目标消费群：主要为高收入消费阶层
8. 营销策略：①多年来专注于女装及服饰和化妆品
   ②保持其一贯的风格和精致做工，且注意多品类产品的开发
   ③专卖店、专门设计
9. 销售地：1913 年于法国巴黎开店
   现今，各类产品行销全球各地
10. 地 址：法国巴黎 75001，卡姆博恩大道 29-31 号
    (29-31 rue Cambon，75001 Paris，France)
11. 奖 项：①达拉斯奈门 · 马科斯奖 1957 年
    ②周日时报国际时装奖(伦敦) 1963年
    ③设计师卡尔·拉格菲尔德获美国时装设计师协会年度最佳配饰设计奖 1991年
12. 网 址：www.chanel.com

风格综述

“当你找不到合适的服装时，就穿夏奈尔套装”那句至今仍在欧美上流女性中流传的衣经名言足可表现夏奈尔品牌服饰的魔力和功用。无论是服装、饰物配件，还是化妆品、香水，夏奈尔品牌都塑造了女性高贵、精美、优雅的形象。简练中见华丽、朴素而非贫乏、活泼且显年轻、实用但不失女性美，评论界自1920年起就用类似的语话赞美夏奈尔的服装。三件套的“夏奈尔套裙”更是风行至今，由20世纪20年代的时装变成了21世纪的经典并常为其他品牌所仿效。

对一个有80年经历的品牌，其成功的式样可列出一串表格，从中不难看出，从起步阶段的帽店起，突破传统，抛弃束缚，便是夏奈尔的一贯原则。正应了20世纪50年代夏奈尔的这句话：“只有女人才真正了解女人”。成名于第一次世界大战前后的夏奈尔借妇女解放呼声日高之机，成功地将女装原本复杂、累赘的衣装，推向简单、舒适的时代。夏奈尔尝试制作过前所未见的夏季休闲服，那是廓型宽松的除去腰部线条的针织服，将加诸于女性身上的束缚彻底解除，夏奈尔由此成了当时被称为“青春派”服饰的代表。在夏奈尔之风吹起的时候，亚麻裙、海军服、开口宽领衫、简单的帽子……成为那一时期的特色。

男装风格特征的融入，低领及男用衬衫，配之以腰带，这便是早期的夏奈尔风格，且沿袭至今。第一次世界大战期间，又推出强调利于行走、活动等功能的女装。将服装上所有矫饰一一卸下，代之以长及臀部的围巾。夏奈尔是第一批将裙摆提高至足踝以上的设计师。之后，夏奈尔又钻研珠宝、饰物。香水是夏奈尔公司的主流产品之一，No.5，No.2，No.19让人着迷。从帽子、外套、衣裙、饰物配件以至香水，夏奈尔一直苦心经营，创造出完美的女性形象，这一切也让夏奈尔品牌的拥护者群日益庞大起来。1954年重返巴黎的设计师夏奈尔，以不懈的努力，狂热的工作热情，再建夏奈尔品牌之城。

夏奈尔有句名言：时尚来去匆匆，但风格却能永恒。夏奈尔品牌高雅简洁的格调堪称独树一帜，全然摆脱19世纪末的传统与保守作风，开创了一种极为年轻化、个人化的衣着形式，奠定了20世纪女性时尚穿着的基调。夏奈尔时装所强调的廓线流畅、质料舒适、款式实用、优雅娴美，均被奉为时尚女子的基本穿衣哲学。

所有这一切，融贯于夏奈尔的衣装，更突出于“夏奈尔套裙”，这种衣缘及领、袖有镶滚饰边的上衣、衬衫配裙的套装，穿在任何较正式的场合都不会错。自1971年夏奈尔去世至80年代初，夏奈尔品牌的主设计师几经更迭，但基本都作守拙之举让夏奈尔服装几近原地踏步，这种情况至1983年德国籍设计师卡尔·拉格菲尔德出任夏奈尔公司的时装总监才得以改变。作为一名具有十足现代感的设计师，卡尔凭借其对时代精神的诠释及对潮流触觉的敏感，为风行60年的夏奈尔风格注入新的元素。夏奈尔品牌的拉格菲尔德版本，色调较为艳丽，裁工则更加高雅素媚，具有融典雅与幻想为一体的特征。拉格菲尔德曾如此评价夏奈尔：“她总能在适当的机会做适当的事情。”用这句话形容夏奈尔品牌的风格同样再适当不过。

2005年，纽约大都会博物馆策划展出了“夏奈尔特别展”(Chanel-Special Exhibition)。这是一场起于加布里埃·夏奈尔承至卡尔·拉格菲尔德的时装盛展，不仅展示了夏奈尔品牌的内蕴精神，也是对这个优雅而拥有天生魅力的名字的致意。

伊夫 · 圣 · 洛朗 (Yves Saint Laurent)

品 牌 档 案

1. 类 型：高级女装、高级成衣
2. 创始人：伊夫 · 圣 · 洛朗 (Yves Saint Laurent)
3. 注册地：法国巴黎 (1962 年)
4. 设计师：①伊夫 · 圣 · 洛朗
   1936 年 8 月出生于阿尔及利亚奥兰市
   1954 年前学习室内装潢和时装设计
   1954 年一 1957 年为迪奥公司设计师及合伙人
   1957 年一 1960 年为迪奥公司总设计师
   1962 年在巴黎建立自己的公司
   2000 年退休
   ② 2000 年一 2004 年，汤姆 · 福特 (Tom Ford) 担任创意总监
   ③ 2004 年，斯特法诺 · 柏拉蒂 (Stefano Pilati) 但任设计师
5. 品牌线：伊夫 · 圣 · 洛朗 (Yves Saint Laurent)
6. 品 类：1962 年推出高级女装
   1966 年推出高级成衣系列
   1974 年推出男装系列
   1965 年推出香水系列
   陆续推出电影、戏剧服装
   此外还有首饰、鞋帽、化妆品甚至香烟等
7. 目标消费群：品味高雅的淑女、绅士
8. 营销策略：①专卖店
   ②许可证经营
   ③品牌效应：富有创造性的设计使圣，洛朗品牌驰名于世，人们对它趋之若鹜
9. 销售地：由法国开始，进而推至世界各地
10. 地 址：法国巴黎 75116，马休街 5 号
   (5 Avenue Marceau，75116 Paris，France)
11. 奖 项：①国际羊毛局秘书处奖 1954 年
   ②奈门一马科斯奖
   ③哈伯慈善奖
   ④伊夫 · 圣 · 洛朗获美国时装设计师委员会终身成就奖 1998/1999 年
   ⑤高级女装设计师福特获美国时装设计师委员会年度最佳配饰设计师奖 2002 年
12. 网 址：www.yslonline.com

风格综述

在巴黎时装领域里，有十年一颗明星的说法，不管它源何理由，事实给它以最好证明，前有迪奥，后有温加罗，居中是圣·洛朗。而自伊夫·圣·洛朗品牌创建以来，它一直就是经典设计的象征。

设计师圣·洛朗是巴黎设计界的英俊天才。1957年，年轻的圣·洛朗已经成为迪奥时装公司的首席设计师，锋芒毕露。1958年“秋千”系列的推出，使他获得了“巴黎高级女装的拯救者”的盛誉。1960年，圣·洛朗以放荡不羁的左派银行家风貌为基础进行了尝试：黑色皮茄克配针织圆高领衫，狐领鳄鱼皮茄克或毛皮茄克加针织袖子，而这种新的尝试招来评论界的非议使圣·洛朗离开了迪奥公司。如今看来，这一事件并非坏事，它促成了一个日后如日中天的新品牌“伊夫·圣·洛朗”的诞生。

伊夫·圣·洛朗的服装善于将其和历史、艺术及文化融于一体，主题相当广泛，从露西斯(Russes)芭蕾到马赛尔·普劳斯特(Marcel Proust)的著作都曾是圣·洛朗的服装内容。1965年的针织毛衣外套和1979年“云纹”图案源自于毕加索的画作，蒙得里安的色彩实验结果也出现在他的直筒裙设计中。1976年“富有想象的农民”系列，粗陋的大衣上饰有金栓钮，反映为一种“少数民族风貌”。戏剧是圣·洛朗设计的一个重要灵感源泉。1980年“莎士比亚”婚礼服，以锦缎和花缎组成，来源于俄罗斯浪漫的戏剧礼服，反映了圣·洛朗对戏剧服装的激情。在圣·洛朗的著名服装中有一部分就是戏剧舞台服装。

伊夫·圣·洛朗品牌的服装并没有坚挺的外形或过于复杂的剪裁，主要依赖于恰当的线条及华丽精致面料的精妙使用，如亮丽的丝绸，巧妙运用的对比冲撞色彩，在简洁实用的日装和浪漫性感的晚装上出现了如粉红色、紫色、宝石兰等色彩。晚装上大量使用提花、绣花、缎织物及西风纱等透明薄织物。圣·洛朗还将男装的基本款式用于女装，用精妙的男装裁剪为女性提供合体款式，设计雅致的日装，如精心剪裁的西装配以裙或裤子。

1999年，伊夫·圣·洛朗品牌及其化妆品品牌被意大利古奇集团收购。2000年，设计师圣·洛朗在他的最后一场高级女装展示举办前夕宣布退休，作者以为这是资本和设计博弈的典型实例。其后，汤姆·福特成为伊夫·圣·洛朗和YSL Beaute的创意总监。福特离开后，斯特法诺·柏拉蒂接任该品牌的首席设计师，汤姆·福特的野性风格不见了，属于伊夫·圣·洛朗品牌的优雅开始回归。

伊夫·圣·洛朗的高级女装有着艺术品式的完美，调节人体体型的缺陷并达到高度的平衡。同时，圣·洛朗是最早在成衣中揉入艺术性设计而产生高级成衣概念的设计师之一，虽然他不否认机械化生产的成衣其艺术成分不及高级女装。1966年其同一名称的高级成衣品牌一炮打响。在很长一段时间中，圣·洛朗风格被冠以“超现实主义”之称，他的“贴纸法”设计至今仍被年轻设计师效仿。20世纪80年代后期以后，圣·洛朗的设计更趋于老辣简洁，或许人们没有理由再要求一个五旬成功人士愤世嫉俗。如今的伊夫·圣·洛朗品牌该用前卫与古典的巧妙平衡来形容。但是自始至今该品牌服装都表现出艺术化的、高品位的、精细奥妙的服饰美感。

伊曼纽尔 · 温加罗 (Emanuel Ungaro)

品 牌 档 案

1. 类 型：高级女装、高级成衣
2. 创始人：伊曼纽尔 · 温加罗 (Emanuel Ungaro)
3. 注册地：法国巴黎 (1965 年)
4. 设计师：①伊曼纽尔 · 温加罗
   1933 年 2 月出生于法国爱克斯省
   1951 年一 1954 年在他父亲的裁缝铺工作
   1955 年一 1957 年在巴黎梅森坎埔缝纫行工作
   1958 年一 1964 年任巴黎世家公司设计师
   1964 年一 1965 年任库雷热公司设计师
   1965 年成立温加罗公司
   ②詹贝斯塔 · 瓦利（Gianbattista Valli）
   1998 年担任创意总监，2001 年接管除高级女装之外的所有设计，2004 年 10 月离开该品牌
   ③文森特 · 达雷（Vincent Darre）
   1961 年生于法国，先后效力于普拉达（Prada）、克洛耶（Chloé）、芬迪（Fendi）和莫斯奇诺（Moschino）品牌。2005 年 3 月推出其首场温加罗品牌成衣展示
   ④彼得 · 登德斯（Peter Dundas）
   美籍挪威裔设计师，曾经任职于戈尔捷和拉克鲁瓦（Christian Lacroix）品牌，2006 年推出其首场温加罗品牌秋冬时装展
5. 品牌线：伊曼纽尔 · 温加罗 (Emanuel Ungaro)
6. 品 类：1965 年起为高级女装
   1968 年推出高级成衣系列
   1975 年推出男装系列
   1977 年推出香水系列
   1991 年推出休闲装系列
   2000 年创立牛仔（fever denim）系列
7. 目标消费群：社会高中消费阶层
8. 营销策略：特色设计，知名品牌效应
9. 销售地：主要是法国
10. 地 址：法国巴黎 75008，蒙泰恩大街 2 号
    (2 Avenue Montaigne，75008 Paris，France)
11. 奖 项：奈门一马科斯奖 1969 年
12. 网 址：www.emanuelungaro.fr

风格综述

温加罗品牌的服装性感却非俗套，每一件服装都尽一切可能显示女性形体美，掩饰身体缺陷，欲使穿着的女性显得更性感、迷人。伊曼纽尔·温加罗则是20世纪最具创造性和色彩感的高级女装设计师之一。

1965年，温加罗开设了以自己名字命名的时装沙龙并带领手下四个裁缝使品牌一举成名。其时的当红模特模崔姬（Twiggy）和屈瑞（Penelope Tree）都以穿他的服装为荣。温加罗的成功得益于他的两位老师，他在巴伦西亚加处学会了立体裁剪。早期作品受库雷热的设计风格如“太空时代的建筑风”、“透视风貌”等影响较大。

20世纪60年代，简洁清晰的几何图案时装是温加罗的拿手之作。高圆领套衫配无袖饭单裙和裹腿，这种搭配在20年后被其他设计师重新演绎并得以广泛流行。借助于艺术化的纺织品，温加罗推出了柔软系列，这个系列在十年后也被其他设计师所效仿。

20世纪70年代，温加罗开始尝试结构与花型的组合。虽然曾有人批评其组合各式印花图案手法接近疯狂，他还是十分坚持自己的创作理念。克纳谱呢(Knapp)面料常采用印象主义图案，多用抽象的图画，明亮的色泽。日装上，以佩斯利纹样(Paisley)衬衫配上苏格兰格子花呢套装或是条纹背心外穿花呢茄克，加格伦厄克特(glen plaid)格子花呢裤子。1980年，这种风格在休闲系列中发挥的淋漓尽致。在晚装中，“温加罗平行”系列引起轰动，其搭配形式直至今天仍盛行不衰。温加罗的服装是为那些挑选和组合自己喜欢的服装而不顾他人意见的女性而设计的，克纳谱呢这种特殊面料使他的组合得以实现，面料的颜色丰富，不易复制。多年来，许多设计师都在借用温加罗的这种方法，并在不同程度上取得了成功。

1981年，温加罗的设计其灵感来自于东方。性感的包裹式风格让人想起古斯塔·克里姆特(Gustar Klimt)的画作。80年代中期，温加罗服装的特征标志是斜向倾垂，抽褶裙，宽肩、羊腿袖，手腕部钉扣，围缠而成的V领，宝石色的提花丝绸。1985年，温加罗有了新的设计思路，使用轧光布，加以婀娜多姿的廓型，流动的结构，大胆的剪裁，巧妙地显示了女性的形与体。80年代后期的时装系列被誉为“新巴洛克风格”：荷叶边装饰短裙，大灯笼袖。

1991年，无吊带宽大维多利亚式褶裥撑裙成了温加罗的主旋律。高领长袖多层收皱带有犬牙花纹的套装是著名的紧身短体的温加罗廓型的特征。1992年后，温加罗平行系列继续推出女性花卉织纹礼服及明快的苏格兰格子花纹套装。

吉普赛人及民间风俗是温加罗设计的灵感之一：沙漏形的款式设计，肩部和臀部能适于不同的体形，斜向线条使人显得苗条，开叉裙展示了女性漂亮的大腿。

自1996年温加罗的公司被意大利菲拉格慕集团（Salvatore Ferragamo）收购后，他逐渐退出成衣设计，其品牌的发展一直未能突破瓶颈状态并缺席2004年的巴黎高级女装展。2005 年11月，美国旧金山英特网大亨阿西姆·阿卜杜拉（Asim Abdullah）宣布收购其全部股份并承担该品牌2500万美元的债务，菲拉格慕则保留有温加罗品牌的香水系列和皮革制品的特许经营权。2006年，设计师登德斯的巧手回春使得温加罗品牌再度得到如潮赞誉。

贝博洛斯 (Byblos)

品 牌 档 案

1. 类 型：高级成衣
2. 创始人：吉尼 SPA 公司的一个部门
3. 注册地：意大利安科纳 (1973 年)
4. 设计师：① 1973 年— 1975 年，设计师群
   ② 1975 年— 1976 年，詹尼 · 韦尔萨切 (Gianni Versace)
   ③ 1976 年— 1981 年，纪 · 保兰 (Guy Paulin)
   ④ 1981 年，艾伦 · 克利弗 (Alan Cleaver)、基思 · 瓦尔蒂 (Keith Varty)，均毕业于伦敦皇家艺术学院
   ⑤ 1997 年— 1998 年，理查得 · 泰勒 (Richard Tyler)
   ⑥ 1998 年— 2000 年，理查德 · 巴雷特 (Richard Barlett)
   ⑦ 2001 年，马丁 · 希特伯 (Martine Sitbon)
5. 品牌线：贝博洛斯 (Byblos)
6. 品 类：充满朝气的，洋溢愉悦欢娱的男、女装
7. 目标消费群：主要为二十几岁青年
8. 营销策略：①设计师及品牌特色效应
   ②专卖店
9. 销售地：主要为意大利
10. 地 址：意大利安科纳 60127，曼奇尼街 126 号
    (Via Maggini 126，60127 Ancona，Italy)
11. 网 址：www.byblos.it

风格综述

贝博洛斯品牌形象可概括为年轻、自信、活泼、乐观及国际化。它的适于流行市场的色彩搭配、休闲且不拘礼仪的款式洋溢着愉悦气息，使贝博洛斯品牌成为二十岁那一代年轻人共同的时髦服饰。

贝博洛斯名字来源于法国圣特罗佩的一家旅馆名，其最初的设计师也是国际旅馆风格化的设计师，后几经更迭：先是詹尼・韦尔萨切，然后是纪・保兰。1981年，伦敦皇家艺术学院的基思・瓦尔蒂和艾伦・克利弗的到来，掀开了贝博洛斯的崭新一页。就像他们设计的服装一样，基思和艾伦年轻而有朝气，有着令人不可抗拒的魅力，“他们就像是从毛姆的小说里走出来，像早熟的英国学童冒险周游世界，把所见所闻多文化吸收进他们的服装”。他们对于服装的激情反映在贝博洛斯系列中，使自己成为贝博洛斯的化身，被人昵称为“贝博洛斯孩子”。

在贝博洛斯的服装里没有邪恶与不祥，它的服装都是有趣味的、奋发向上的。贝博洛斯服装是以上好的面料，加上年轻有朝气的想像，每个季节都不雷同，它是适销的。色彩是贝博洛斯取得成功的关键，马蒂斯式的色彩被充分运用于它的服装上。设计师瓦尔蒂和克利弗对于色彩的熟练掌握运用，就像是水果蔬菜店店主对茄子、生姜色的亲切，以及地理学家对于地球的每一部分色彩的熟知。“彩虹尾部的金子”是《每日新闻记录》(Daily News Record)对贝博洛斯男装的评价。卡其色、巧克力色、烟棕色等充满节日欢乐气氛的颜色是贝博洛斯服装的常选。

旅游及外来文化是贝博洛斯的重要主题。马拉喀什假日、夏威夷和南太平洋岛屿风情都反映在贝博洛斯服装上。女装更多地显示印第安文化主题，而西部牛仔主题则更多地体现在贝博洛斯男装上。此外，热带风格色彩及令人耳目一新的印花来源于东南亚、大洋洲及南美洲。1987年系列，宽大的裙子，图案为来自巴哈马的明信片风景及岛屿地图。1988年系列，以人造毛皮、民间绣花表达了浪漫的俄罗斯主题，其造型被《W.W.D》称为“安娜・卡列妮娜来到了米兰。”

贝博洛斯服装充满了亮丽色彩世界中孩子式的兴奋，那无以复加的欢乐微笑使它在商业上及艺术上都取得了辉煌的成功。可能也正是对于年轻感觉的不懈追求，该品牌的设计师也不断更迭。如果说有人能把色彩成功商业化，那就是贝博洛斯。

贝纳通 (Benetton)

品 牌 档 案

1. 类 型：成衣
2. 创始人：朱丽安娜 · 贝纳通 (Giuliana Benetton)
   露西阿诺 · 贝纳通 (Luclano Benetton)
   吉尔伯特 · 贝纳通 (Gilberto Benetton)
   卡罗 · 贝纳通 (Carlo Benetton)
3. 注册地：意大利贝卢诺 (1968 年)
4. 设计师：总设计师为朱丽安娜 · 贝纳通 (1938 年一)，拥有 200 多名设计师组成的设计师群
5. 品牌线：①全色彩的贝纳通 (United Colors of Beneton)
   ②希思莉 (Sisley)
   ③ 012
   ④游戏生活系列 (Playlife)
6. 品 类：最初是手工编织套衫，陆续推出休闲服、化妆品、玩具、泳装、眼镜、手表、文具、内衣、鞋、居家用品
7. 目标消费群：大众消费者，特别是年轻人和儿童
8. 营销策略：①有创意的引人注目的广告运动
   ②特许证经营
   ③专卖店经营
9. 销售地：1965 年意大利特雷维索
   1968 年意大利贝卢诺
   1978 年欧洲国家专卖店开设
   1979 年进入美国市场
   1985 年进入东欧市场
   目前在全世界将近 120 个国家有四千多家商店
10. 地 址：意大利特雷维索彭泽诺 31050，彭泽诺 切莎24 号
    (Via Chiesa Ponzano 24，31050 Ponzano Veneto，Treviso，Italy)
11. 网 址：www.benetton.com

风格综述

贝纳通公司成立于1965年，至今在世界一百多个国家建立了四千多家商店。以“全色彩的贝纳通”、“希思莉”和“012”品牌著名，产品系列遍及化妆品、玩具、泳装、眼镜、手表、文具、内衣、鞋、居家用品等。

最早的贝纳通服装主要是针对年轻人及儿童，随后各个年龄层次的消费者都接受了它。它的设计随意幽趣，剪裁易于穿着，把来自于怀旧情绪的灵感应用于现实的服装，如50年代以高技术合成纤维织物制成的滑雪服，60年代鲱鱼骨套装、迷你裙，70年代把珠子与皮革串合在一起的迪斯科装等。另有部分系列如北欧风格主题的童装，包括牛仔服的蓝色家庭系列，而骑服则来源于游牧生活。为了使贝纳通的设计具有世界性，贝纳通家族经常周游世界，而最常去的是秘鲁，这个南美国家提供了他们无穷的灵感。

最初时，贝纳通套衫是由朱丽安娜手织的，配以鲜艳的色彩以区分英国产的羊毛衫。第一系列有18件衣服，主要是紫罗兰色套头衫。其后带有明显的地中海及南美风格的亮艳配色成了贝纳通的招贴。贝纳通的服装多为天然纤维，如羊绒、羊毛、安哥拉毛面料。为了迎合地方口味及流行趋势，贝纳通套衫都用小批量染色纱线制成。

在休闲服装的生产设计上，贝纳通与来自加利福尼亚的爱使普利并驾齐驱，处于时代的领导地位，贝纳通服装体现了新的年轻一代的价值观。

高技术的生产工艺，创造性的设计及优异的市场营销使贝纳通公司成为世界上发展最快的服装生产厂家之一。贝纳通的全球策略就是使贝纳通名字像麦当劳和可口可乐一样，驰誉世界。在中国，贝纳通可算是在年轻人中名声最大的意大利品牌之一，在很多大商场及专卖店有售。1994年，贝纳通在意大利成衣销售中排列第一。1998/1999年开始推出Playlife系列，1998年至2000年间，在美国和西尔斯公司(Sears)结盟。整个90年代，贝纳通的近1亿1千万件服装销售到全球一百多个国家。

贝纳通服装试图超越性、社会等级及国别而反映一种生活的哲理，一次名为“奥里维奥托斯卡尼”广告运动“贝纳通——世界之色彩”(1983年)反映出这一生活哲理。贝纳通别出心裁的广告备受瞩目，广告内容涉及恐怖主义、种族主义、爱滋病等，而没有提及贝纳通服装。更有些广告引起广泛的争议，甚至经常被禁止刊登。

多尔切与加巴纳 (Dolce & Gabbana)

品 牌 档 案

1. 类 型：高级成衣
2. 创始人：多梅尼科 · 多尔切 (Domenico Dolce)
   斯特凡诺 · 加巴纳 (Stefano Gabbana)
3. 注册地：意大利蒙扎 (1982 年)
4. 设计师：①多梅尼科 · 多尔切，建筑设计师
   1958 年 8 月出生于意大利巴勒莫
   1980 年一 1982 年于米兰从事设计工作
   1982 年与加巴纳合作成立自己的公司
   ②斯特凡诺 · 加巴纳
   1962 年 11 月出生于意大利威尼斯，于米兰学习平面设计
   1980 年一 1982 年于米兰从事设计
   1982 年与多尔切合作成立多尔切与加巴纳公司
5. 品牌线：①多尔切与加巴纳 (Dolce & Gabbna)：高级成衣
   ② D&G：稍低价位成衣
6. 品 类：1982 年推出高级成衣
   1985 年推出女装系列
   1987 年推出针织服装
   1989 年增加巴纳衣及沙滩装系列
   1990 年推出男装系列
   1992 年推出香水系列
   1993 年稍低价位品牌 D&G 推出
   1999 年推出 White Lable 和 Black Lable
7. 目标消费群：①多尔切与加巴纳品牌针对高中收入消费者
   ② D&G 品牌针对较年轻的中等收入消费层
8. 营销策略：①广告宣传，利用名模与明星的效应
   ②专卖店和专门设计
9. 销售地：1982 年进入蒙扎市场，1987 年进入米兰市场，1989 年进入东京等亚洲市场，
   1990 年进入美国纽约市场，1991 年进入香港市场，目前中国大陆亦有销售
10. 地 址：意大利蒙扎 20052，吉尔兰代奥 5 号，尤罗塔列
    (Euroitalia，Via Ghirlandaio 5，20052 Monza，Italy)
11. 奖 项：①全羊毛标志奖 1991 年
    ②英国《FHM》杂志年度最佳设计师奖 1996 年、1997 年
    ③英国《ELLE》杂志全球最佳设计师奖 2004 年
12. 网 址：www.dolcegabbana.com

风格综述

多尔切与加巴纳品牌是典型的意大利风格，它具有热情、浪漫、风趣的内涵，同时它又是高度性感的，富有十足的女人味。它以其意大利南部的热情、感性的形象，极受各时尚杂志和影视明星的推崇。源于南部地中海地区及西西里群岛的“南意大利性感炸弹”形象风貌具有强烈的浪漫风格，使多尔切与加巴纳成为当今世界时装舞台上的耀眼品牌。

自1985年首次发布会以来，多尔切与加巴纳品牌一直保持着极其感性、大胆展示女性魅力的特征。缎纹面料的紧身胸衣式上装，黑色吊带长袜、透明的鱼网服装等是其代表性的设计，与流行的无性别式运动休闲服装形成鲜明对比，塑造了20世纪90年代的新优雅形象。

自信与反讥也是多尔切与加巴纳服装的一个显著特征。缀满水晶石的多尔切与加巴纳上衣，在1991年的戛纳电影节上，让有后女权主义者之称的女歌星麦当娜出尽风头，而后便在各大都市的街头流行开来。其他略严谨些的设计则有天鹅绒面料的公主线型紧身上衣及裤装，显示出多尔切与加巴纳品牌一贯的迷人性感的风格。

多尔切与加巴纳品牌男装同样在传统中融入性感与浪漫情调，这是对多尔切与加巴纳女装的一个完整补充。硬朗的款式，泥土色系，黑色与猩红相配，脖子上围着班丹纳印花巾，着皮茄克上装，活脱脱的现代新西西里海盗形象。

多尔切与加巴纳在广告宣传上也保持了该品牌热情、浪漫而性感。以超级名模与银幕明星连袂创造悠然的、纯朴而性感的女性形象，索菲亚・罗兰(Sophia Loren)，吉纳・洛洛布里吉达(Gina Lollobrigida)在广告中展示了令人难以忘怀的优雅款式。

多尔切与加巴纳品牌，无论男装还是女装都表达了一种自信、性感而又雅致的魅力，这些特征是强有力的但却从不逾越穿着者的人格意志。D&G则成为全球范围内年轻人的钟爱，也是意大利最为成功的二线品牌的典范。它是魅力四射同时又富有进取精神的，是20世纪80年代末以来意大利最有影响的品牌之一，也是21世纪最为活跃的意大利品牌之一。

范思哲 (Gianni Versace)

品 牌 档 案

1. 类 型：高级时装、高级成衣
2. 创始人：詹尼 · 韦尔萨切 (Gianni Versace)
3. 注册地：意大利米兰 (1978 年)
4. 设计师：①詹尼 · 韦尔萨切
   1946 年出生于意大利
   1964 年一 1967 年期间学习建筑
   1968 年一 1972 年在他母亲的服装店里任设计师采购
   1972 年一 1977 年米兰自由设计师
   1978 年成立自己的公司
   1989 年打入法国巴黎时装界
   1997 年意外去世
   ② 1997 年妹妹多纳泰娜 · 韦尔萨切 (Donatella Versace) 接替设计
   ③ 2004 年阿莱格拉 · 韦尔萨切 (Allegra Versace)
5. 品牌线：①范思哲 (Gianni Versace)：时装
   ②纬尚时 (Versus)：二线品牌
   ③范思哲经典 V2(Versace Classic V2)：男装品牌
6. 品 类：1978 年推出女装系列
   1979 年设计男装系列
   1981 年推出系列香水
   1982 年起为芭蕾舞团设计戏剧服装
   1993 年推出家具产品
   如今另有丝巾、领带、包袋、皮件、床单、台布、瓷器、玻璃器皿、羽绒制品等
7. 目标消费群：①范思哲品牌主要针对皇室贵族和明星，如戴安娜王妃和麦当娜等，以及高品味社会中上阶层
   ②韦尚时品牌主要针对对时尚很敏感的年轻人
8. 营销策略：①多品牌线以拓展市场
   ②专卖店和许可证经营
9. 销售地：1978 年进入意大利米兰，198 9年进入法国市场，目前在中国有售
10. 地 址：意大利米兰 20121，盖苏街
    (Via Gesu，20121 Milan，Italy)
11. 奖 项：①库蒂 · 沙克奖 1983 年
    ②詹尼 · 韦尔萨切获美国时装设计师协会国际奖 1992 年
    ③詹尼 · 韦尔萨切获美国时装设计师协会特殊贡献奖 1997 年
12. 网 址：www.versace.com

风格综述

著名的意大利服装品牌范思哲代表着一个品牌家族，一个时尚帝国。它的设计风格鲜明，是独特的美感极强的先锋艺术的表征。其中魅力独具的是那些展示充满文艺复兴时期特色的华丽的具有丰富想象力的款式。这些款式性感漂亮，女性味十足，色彩鲜艳，既有歌剧式的超乎现实的华丽，又能充分考虑穿着舒适性及恰当地显示体型。一年十几亿法郎的营业额，充分说明了范思哲品牌的成功。

在摄影师手里，范思哲女装廓型会变得更加清晰，在白色背景衬托下，显得更加硬朗而富有进攻性。事实上，范思哲服装远没有看起来那么硬挺前卫。设计师韦尔萨切能随意取材并把它们魔术般结合起来，产生一种戏剧化的效果。以金属物品及闪光物装饰的女裤、皮革女装创造了一种介于女斗士与女妖之间的女性形象。绣花金属网眼结构织造是一种迪考 (Deco)艺术的再现。黑白条子的变化应用让人回想起19世纪20年代的风格，丰富多样的包缠则使人联想起设计师维奥尼及北非风情。

斜裁是范思哲设计最有力、最宝贵的属性，宝石般的色彩，流畅的线条，通过斜裁而产生的不对称领有着无穷的魅力。采用高贵豪华的面料，借助斜裁方式，在生硬的几何线条与柔和的身体曲线间巧妙过渡，甚至在裤装上也应用斜裁方法。人们评论设计师韦尔萨切时说，没有人能够像他那样缠绕面料成衣裳。在男装上，范思哲品牌服装也以皮革缠绕成衣，创造一种大胆、雄性甚至有点放浪的廓型，而在尺寸上则略有宽松而使穿着者感觉舒适，仍然使用斜裁及不对称的技巧。宽肩膀，微妙的细部处理暗示着某种科学幻想，人们称其是未来派设计。线条对于范思哲服装是非常重要的，套装、裙子、大衣等都以线条为标志，性感地表达女性的身体。

范思哲品牌的成功得力于家族团体的努力。詹尼是天才设计师，哥哥圣多是个了不起的经营管理者，妹妹多纳泰拉致力宣传推广，并独自开发了纬尚时品牌。他们相互分享彼此的天赋，把工作、家族、团体的概念和谐地融合在一起，显示出强劲的实力。1997年，当娜泰拉・韦尔萨切接管范思哲品牌，负责设计时装和价格较为便宜的纬尚时系列。2004年，年仅18岁的詹尼・韦尔萨切生前最疼爱的外甥女阿莱格拉正式接掌范思哲。 如今的范思哲品牌除了传统系列外，其丝巾、领带年销近百万，香水及包袋、皮件、床单、瓷器、玻璃器皿、餐具、坐垫、羽绒制品等销售业绩喜人。韦尔萨切家族不断创造并实现着他们的时尚梦想。

芬迪 (Fendi)

品 牌 档 案

1. 类 型：高级成衣
2. 创始人：爱德拉 · 卡萨格兰德 (Addle Casagrande) 及爱德华多 · 芬迪 (Edoardo Fendi)
3. 注册地：意大利罗马 (1925 年)
4. 设计师：1962 年起，卡尔 · 拉格菲尔德 (Karl Largerfeld)、塞尔维亚 · 文图里尼 · 芬迪 (Silvia Venturini Fendi)
5. 品牌线：芬迪 (Fendi)
6. 品 类：1925 年毛皮及皮革服装问世
   1988 年推出男用香水
   1990 年出现较低价位产品线
   1991 年推出珠宝饰品
   1996 年推出饰品系列
   现有除各类毛皮服饰、配件外，还有成衣、针织休闲服装、沙滩装、泳装、珠宝、香水等产品
7. 目标消费群：高收入消费阶层
8. 营销策略：①除高档的皮革服饰外，同时有多种价位产品以满足不同收入的消费层次
   ②专卖店
   ③品牌特许证经营
9. 销售地：罗马及世界各地
10. 地 址：意大利罗马 700187，勃垦第七大街，芬迪保拉
    (Fendi Paola e S. lle S.A.S., Via Borgognona 700187 Rome, Italy)
11. 奖 项：意美基金会奖 1990 年
12. 网 址：www.fendi.com

风 格 综 述

芬迪品牌以皮革及毛皮服饰起家，且至今一直保持其在该服装领域的领导地位。即使在后来的发展之中，芬迪又有了如休闲服、珠宝等各种畅销产品，但提到芬迪，人们仍然首先想到其设计与制作一流的华贵高档的毛皮类服装。如同许多生产奢侈用品的意大利公司一样，芬迪公司是苦心经营着的家族企业，同时也是唯一不由男性继承经营的公司，在创始人之一的芬迪去世后，由她的五个女儿共同参与经营。

1925年，芬迪品牌正式创立于罗马，专门出产高品质毛皮制品，其后公司逐渐发展壮大，并在1955年首次举行芬迪时装发布表演会。如今芬迪品牌经营范围早已超出其传统的毛皮服装范围，而有了诸如针织服装、泳装、价格较低的成衣等品类，甚至开发了珠宝、男用香水等，但芬迪品牌仍以其毛皮类服装在时装界享有盛名。自1962年聘用德裔设计师卡尔・拉格菲尔德以来，芬迪品牌更以其富有戏剧性的毛皮服装获得全球时装界的瞩目及好评，拉格菲尔德与芬迪合作的以双F字母为标识的混合系列是继法国夏奈尔的双C字母与意大利古奇的双G字母后，又一个在时装界中众人皆识的双字母标志。

拉格菲尔德对毛皮的革新性处理，使芬迪品牌一直受到时装评论界的关注和消费者的向往。如将真正的动物皮毛处理成有着仿制皮毛的外观效果；在毛皮面料上打上大量细小的洞眼以减轻大衣的重量便于穿着；毛皮的多彩染色处理等等。拉格菲尔德的创新设计还包括用水貂皮作边饰的牛仔面料大衣，选用如松鼠皮、雪貂皮等非常用毛皮进行大胆设计。

20世纪90年代初的芬迪毛皮装推出正面为全毛皮，反面为网眼织物的两面穿大衣以抗议当时反毛皮服装运动。1993／1994年秋冬季，芬迪品牌又推出可折叠成有拉链小包状的中长毛皮大衣。作为公司主管的芬迪姐妹还有意改变过去视毛皮服装为高档奢侈品的传统观念，让芬迪品牌的毛皮服装更加生活化、平民化、时装化，走近更多的消费者。无论今天的人们以怎样的观念来看待动物毛皮服饰，拉格菲尔德与芬迪公司的成功合作，打破了毛皮设计的常规，并使芬迪品牌在市场上取得极大成功。

如很多著名品牌一样，芬迪也利用特许证经营的方法开发了如饰物、手套、灯、笔、眼镜及香水等，使芬迪品牌的无形资产得到充分的利用。就其设计而言，芬迪与设计师卡尔・拉格菲尔德的长期成功合作，对高档毛皮的大胆革新处理，使人对芬迪品牌难以忘怀。

古奇 (Gucci)

品 牌 档 案

1. 类 型：高级时装、成衣
2. 创始人：古奇欧 · 古奇 (Guccio Gucci)
3. 注册地：意大利佛罗伦萨 (1923 年)
4. 设计师：① 1923 年— 1989 年，古奇欧 · 古奇
   ② 1989 年— 1992 年，理查德 · 兰伯森 (Richard Lambertson)，时装设计兼创意指导
   ③ 1990 年— 1991 年，唐 · 梅洛 (Dawn Mello)，美国籍设计师
   ④ 1994 年— 2004 年，汤姆 · 福特 (Tom Ford)
   ⑤ 2004 年— 2006 年，设计师群
   ⑥ 2006 年起，弗里达 · 贾尼尼 (Frida Giannini)
5. 品牌线：古奇 (Gucci)
6. 品 类：1923 年起，包、鞋、箱等皮革类制品为主要生产产品
   二战以后，陆续推出服装、香水及玻璃器皿等家用日用品
   1975 年，成立古奇香水部，推出香水产品
7. 目标消费群：崇尚奢华的高消费阶层
8. 营销策略：①以品质一流、豪华高档为原则，保持其“身份与财富之象征”的品牌形象
   ②专卖店
9. 销售地：1923 年意大利佛罗伦萨
   1938 年开拓意大利其他城市市场
   1953 年进入美国市场
   1961 年进入英国市场
   1963 年进入法国市场
   1974 年进入香港市场
   1997 年，进军中国大陆市场
10. 地 址：意大利佛罗伦萨托尔纳布奥尼 73 号
    (73 Via Tornabuoni，Florence，Italy)
11. 奖项：设计师福特美国时装设计师委员会年度最佳国际设计师 1995 年
12. 网 址：www.gucci.com

风格综述

古奇品牌一直以生产高档豪华产品著名。无论是鞋、包还是服装，都以“身份与财富之象征”品牌形象成为富有的上流社会的消费宠儿。在佛罗伦萨的制作间中，年青的古奇欧·古奇就将古奇作为标志印在那些皮革制品之上。而早在他工作于伦敦豪华的贵族饭店(Ritz)的厨房之时，日日目睹那些富贵客携带的精致华美的旅行提包，古奇便决定回到意大利故乡，开始制作古奇标志旅行箱包。

二战之后，由于皮革等原料缺乏而以帆布为替代品。印着成对的字母G作商标图案及醒目的红与绿色作为古奇的象征出现在各式帆布的公文包、手提袋、钱夹等产品之内。此时的古奇在箱包行业已发展成为与法国的路易·威登齐名的品牌，同时也成为世界各地其他制造商抄袭、模仿的对象。在此以后的一二十年间，随着产品范围的不断扩大，早年以佛罗伦萨为基地的古奇迅速崛起，发展为在世界各地拥有分支机构的国际性集团，产品遍及欧、美、亚洲。不仅有流行的鞋、包、箱等，还有服装、香水、家庭日用品、头巾及其他配饰品。可以说，在一定程度上正是由于这些品类的不断扩大发展，提高了古奇品牌的知名度，使其不再仅限于原有的市场领域，而日益成为受人瞩目的品牌。由于假冒仿制产品的大量出现，古奇品牌不得不耗费大量的财力、物力与其进行斗争以维护其良好的企业形象。事实上，多年来的生产与经营，使古奇有了一些标志性的经典产品，如平底便鞋及永远不变色的镀金饰物是古奇的传统拳头产品，也正是那种古奇不系带的浅底便鞋，曾经为其带来巨大的商业利润。古奇的皮革制品中尤以经特别鞣制、皮质细腻的猪皮产品最见特色。

1989年，唐·梅洛被任命为其副总经理及创作指导。梅洛加入后，一方面使其现有的高档品牌线产品保持奢华雅致的贵族品味；另一方面，致力于新系列的开发，将传统的贵族式戏剧化元素与现代生活的真实感受相结合，使昨日的奢侈荣耀之象征的品牌成为一种“必须”的时髦。

1994年后，汤姆·福特使古奇焕然一新。仅就1997年春夏时装发布而言，其作品如低开领不对称造型、类似20年代的直身低腰设计及黑色面料的运用、深得高级时装精髓且时尚感觉强烈。自1997年4月上海专卖店开业以后，古奇的包、鞋又成沪上女性新宠。

1998年古奇被竞争对手普拉达控股，并于1999年把股权卖给LVMH集团，由此拉开一场法国的巴黎春天集团(Pinault Printemps—Redoute，简称PPR)、LVMH与古奇的资本较量，最终PPR获得古奇的控股权。2004年，古奇集团正式公布4位年轻设计师亚利桑德拉·法奇内提、约翰·雷恩、弗里达·贾尼尼和斯特法诺·柏拉蒂取代汤姆·福特的工作。2006年，年轻的贾尼尼成为了古奇唯一的创意总监——另一个汤姆·福特，使古奇的男女装系列更加贯联。

克里琪亚 (Krizia)

品 牌 档 案

1. 类 型：高级成衣
2. 创始人：马里于卡 · 曼代利 (Manuccia Mandelli)
3. 注册地：意大利米兰 (1954 年)
4. 设计师：马里于卡 · 曼代利
   1933 年出生于意大利贝加莫
   1952 年一 1954 年在米兰任教师
   1954 年与弗洛拉 · 多尔奇 (Flora Dolci) 一起在米兰建立克里琪亚公司
   1966 年成立克里琪亚 · 马利亚针织公司
   1968 年成立克里琪亚 · 宝宝童装公司
5. 品牌线：①克里琪亚 (Krizia)：时装
   ②克里琪亚 · 马利亚 (Krizia Maglia)：针织装
   ③克里琪亚 · 宝宝 (Kriziababy)：童装
6. 品 类：20 世纪 50 年代主要为成衣女装
   70 年代推出针织女装，动物图案的提包、挎包
   80 年代增加了运动套装
7. 目标消费群：中等收入消费群
8. 营销策略：①特色设计
   ②时装展览
   ③专卖店
9. 销售地：50 年代在意大利米兰，1968 年以后在东京、伦敦、纽约、底特律、休斯顿等地开设专卖店。如今，在世界各地 20 多个城市拥有专卖店
10. 地 址：意大利米兰 20100，安格内利街 12 号
    (Via Agnelli 12，20100 Milan，Italy)
11. 奖 项：美国佛罗伦萨时装杂志奖 1964 年
12. 网 址：www.krizia.net

风格综述

克里琪亚品牌使时装具有非凡的创造性。简单的款式、古典的裁剪，加上富有创意、令人欣悦的因素，使克里琪亚时装有着不平凡的穿着效果。克里琪亚品牌在意大利时装界享有崇高威望，尤其是20世纪80、90年代，因其杰出表现，使得米兰的时装在世界上占有越来越重要的份量。

克里琪亚品牌早期服装曾受邀请在奥里西尼(Orisini)展出，简洁的外形、复杂的细部，设计师曼代利因此而被人称为“疯狂的克里琪亚”。

克里琪亚日装以实用为主，如在裙子上加有弹性腰带是为了舒适和便于活动，运动套装是平素的、宽松的、风格化的，面料是花呢或格子布。1977年，克里琪亚推出“粗糙与甜蜜”系列的代表作：尼龙内衣衬衫，玫瑰色或灰鸽子色马海毛短上衣或网眼羊毛开衫，下穿带有荷叶边的低腰芭蕾舞裙，既别致又实用。

在晚装上，曼代利特色的“不太可能的对比”是克里琪亚的显著特征，如锻纹织物裙子配以花哨的安哥拉羊毛套衫；简单款式的内衣，披上有特色的长披肩或者是同一色泽不同色向的缎面绗缝茄克，体现了克里琪亚品牌幽默的一面。

小脚管马裤经常出现在克里琪亚系列中，1977年宽松悬垂的查米尤斯绉缎马裤，配以带花边马海毛外套，浆果色的色泽使得整套服装活泼有生机。

垂直方向和水平方向褶裥结合起来，称之为“和谐褶裥”，也是设计师曼代利的创造性之一。

针织服装是克里琪亚品牌服装的优势内容。1977年推出的晚装，由带花边的蘑菇色的套衫，双层丝绸塔夫塔或网眼塔夫塔围巾及小裤脚马裤构成。1981年展示的是闪光和白色安哥拉针织装，以珍珠育克装饰。动物主题是克里琪亚品牌针织装的一大特色。1978年的提花绉布衬衫，前面是一老虎的正面像，后背上是老虎的背像。1980年的系列里，色彩艳丽的针织装上织上鹦鹉等图案，另外狗、豹子图案也经常被选用。色彩鲜艳的鸟类图案不仅用在针织服装上，亦用于妇女夏季的提包和挎包上。

克里琪亚品牌在探索成衣新思路方面取得了成功，设计师曼代利非常规的、富有才智的设计使她在米兰时装界名望日显。有了如克里琪亚品牌等的共同努力，意大利走到了世界时装的前列。

从品牌创立至今五十多年的历程中，克里琪亚品牌也通过特许经营的方式不断发展壮大，产品除订制服装和成衣外，主要包括手袋、小皮件、鞋、雨伞、眼镜、太阳眼镜、丝巾、领带、皮带、首饰、地毯、洋酒香槟等。克里琪亚主要销售市场为欧洲、日本、美国。目前已有众多城市有其店铺，包括米兰、罗马、威尼斯、伦敦、巴黎、纽约、蒙特利尔、香港、上海、汉城、迪拜、东京等20多个城市。

罗密欧 · 吉利 (Romeo Gigli)

品 牌 档 案

1. 类 型：高级成衣
2. 创始人：罗密欧 · 吉利 (Romeo Gigli)
3. 注册地：意大利米兰 (1981 年)
4. 设计师：罗密欧 · 吉利 (Romeo Gigli)
   1949 年出生于意大利
   早年学习建筑
   1972 年为“快步”(Quickstep) 公司推出第一个系列
   1978 年任纽约迪米特里 (Dimitil) 时装店设计师
   1981 年创立罗密欧 · 吉利品牌
   1989 以后任罗密欧 · 吉利顾问，基本设计由其他人完成
5. 品牌线：①罗密欧 · 吉利 (Romeo Gigli)：高级成衣
   ② G · 吉利 (G · Gigli)：休闲装 (二线品牌)
6. 品 类：1981 年推出高级成衣
   1990 年推出二线品牌 G，吉利低价产品
   1991 年推出罗密欧 · 吉利香水
   1996 年推出牛仔系列
7. 目标消费群：①罗密欧 · 吉利针对高收入城市消费者
   ② G · 吉利针对普通消费层
8. 营销策略：①一线、二线品牌价格差异较大，满足不同层次市场需求
   ②专卖店
9. 销售地：意大利、美国及世界各地
10. 地 址：意大利米兰 20129，马科尼街 3 号
    (Via Marconi 3，20129 Milan，Italy)
11. 网 址：www.romeogigli.it

风格综述

罗密欧·吉利的品牌风格可概括为精致、老练、华丽。明亮的色彩、流畅的剪裁、精美的装饰与人体感觉的完美组合，形成平衡、和谐的统一体。或许由于曾经受过建筑学的训练，出自设计师吉利之手的日装、晚装设计无一不展示出一种软雕塑特征。吉利的设计受欧洲、亚洲等东西方文化影响较深，他广泛吸取各方文化的精华，将各方灵感泉源贯通起来，形成自身独特的风格。

“时装是为女性而创作的衣服……所谓衣服，又是用来强调穿着者的个性，增添其女性魅力。”设计师吉利这样阐述他的时装概念。罗密欧·吉利品牌的诉求对象是那些快节奏生活的现代女性，它不像其他一些意大利设计师的作品那样炫耀。弹性面料及高档优质、良好保暖性能的羊毛套装表达的古老经典的女性感觉，吸引了大批模仿者。除高超的裁剪外，精巧的装饰是罗密欧·吉利品牌的一个重要表现手段：四周绣花的外套似乎从一开始就被当作珠宝一样收藏并代代相传；短上衣茄克边饰金线绣花；夜礼服上金珠从腰部闪烁直至及地；或是茧状的晚礼服上闪光的镶蓝宝石，这些都表达了一种古老东方的神韵。

如果说罗密欧品牌女装以柔美、浪漫著称，那么他的男装则是色彩与剪裁结构相结合，于简洁平和之中展示儒雅的现代绅士风格。完全按照身体的形状剪裁缝制。茄克设计常为高开襟，以高档羊毛面料的特殊质感，配以如苔绿、暗紫、巧克力棕等朦胧微妙的色调。正是这种色彩色调辅以表面不平整的闪光面料，构成了吉利服装的一个共同显著特征。即使在最正式的男装中，这种优雅的流动的结构，也受到男性顾客长久的欢迎。

1990年的二线品牌G·吉利以日装为主，趋于实用，廓型较以前设计厚拙，选用鲜艳果色的雪尼尔纱织物，灰绿色、金色的灯芯绒设计成经典的拉链式羊毛开衫、兜帽衣、长裤等等。这一系列设计虽然没有罗密欧·吉利品牌的超凡的雅致，但是不同质地面料及色彩等的对比运用，仍然有着强烈的吸引力，且价格较便宜。

罗密欧·吉利品牌由于坚持其浓厚的民族色调和精致的复古造型，常常将自己置身于潮流之外。二线品牌G·吉利却极具现代气息，而且带有较多的流行概念。如1996／1997年秋冬时装展上G·吉利比较男性化，着重线条美；色彩也较偏向街头流行风格，趋于便服的感觉。1998年春夏汇展上，罗密欧·吉利带给大家各式新的尝试，力求表现一种初生的幼嫩、轻盈及新鲜的感觉，好似回到20世纪80年代流行的少女服饰、图案、透明的衣料等。金色的苏格兰格子绒、棉布、棉质花边、横条纹等也蕴含了一系列新的构思。

Missoni Missoni Missoni Missoni Missoni Missoni Missoni
Missoni Missoni Missoni Missoni Missoni Missoni Missoni Missoni
Missoni Missoni Missoni Missoni Missoni Missoni Missoni Missoni

米索尼 (Missoni)

品 牌 档 案

1. 类 型：高级成衣
2. 创始人：米索尼夫妇
   泰 · 米索尼 (Ottavio Missoni)
   罗莎塔 · 米索尼 (Rosita Missoni)
3. 注册地：意大利瓦雷泽 (1953 年)
4. 设计师：①泰 · 米索尼
   1921 年出生于南斯拉夫达尔马提亚
   ②罗莎塔 · 米索尼
   1931 年 11月 出生于意大利伦巴第，1953 年与泰 · 米索尼结为伉俪
   ③安杰拉 · 米索尼 (Angela Missoni)
5. 品牌线：①米索尼 (Missoni)，1958 年
   ②米索尼 · 尤莫 (Missoni Uomo)，1985 年
   ③米索尼 · 运动装 (Missoni Sports)，1985 年
6. 品 类：公司成立时生产针织便装
   1958 年推出衬衫系列
   陆续推出男装、套衫、女装等
   1981 年推出香水系列
   1985 年推出运动服装
   1998 年推出鞋类系列
   1999 年 Missoni 系列
7. 目标消费群：中等以上收入消费者
8. 营销策略：①特色设计：独特色彩和结构的针织装
   ②专卖店
9. 销售地：1953 年意大利瓦雷泽
   1967 年第一次在法国巴黎展示
   1968 年苏密拉哥工场开立
   1976 年意大利米兰、美国纽约专卖店开立
10. 地 址：意大利瓦雷泽 21040，露奇 · 罗西街 52 号
    Via Luigi Rossi 52，21040 Sumirago(Verese)，Italy
11. 奖 项：①奈门一马科斯奖 1973 年
    ②贝斯服装博物馆年奖 1974 年
    ③美国印花布协会汤米奖 1976 年
    ④香水基金会奖 1982 年
    ⑤流行协会国际设计奖 1991 年
12. 网 站：www.missoni.com

风格综述

以针织著称的米索尼品牌有着典型的意大利风格。优良的制作，尤其是匠心独具、鲜亮的充满想象的色彩搭配，米索尼时装看起来就是一件令人爱不释手的艺术品，引起了全球时装界的广泛关注。

米索尼时装以男、女针织服装为主。公司成立初期，当时的社会主流派及非主流派注意力还集中在穷孩子穿着的套衫，米索尼就己开始生产精致的针织衫，自1958年正式推广自己的品牌后，其系列包括女式无袖衫、长大衣、套衫、针织裤子及裙子。70年代，因为米索尼品牌对于米兰的忠诚，使米兰成为卓越的时装中心，并成功举办了米兰时装周。1967年春彼蒂(Pitti)系列在佛罗伦萨展示，薄薄的针织衫下文胸清晰可见，米索尼还让模特儿移去文胸，强烈的舞台灯光使衣服好似透明一样。

米索尼时装杰出的创造性，使它不仅在商业中获得巨大成功，在艺术上也备受注目。良好的工艺和技术，使米索尼时装形成一种特别的流动的效果。而更有鲜明特色且无法形容的则是她的色彩，充满着强烈的艺术感染力。当然最重要的是米索尼丰富的想象力，使米索尼服装明显区别于传统过时的手工或机器织品。它的产品的价值不在于手工艺制作，而在于它那毫无疑问的独特的设计。今天，计算机及复杂精细的机械使米索尼产品看起来像出自熟练匠人之手，其色彩结构是那样地独特而非比寻常，譬如富有创造性的“马赛克图案”。

米索尼服装最初是便服，1958年推出条纹衬衫，之后是运动服与休闲生活装因素的交叉渗透。条形花纹、锯齿形花纹在居家服装上得到有效的应用。其后又增加了日装和晚装。

米索尼服装并不一味追求潮流，“自从我们进入这一行业，就想把每一件衣服设计成一件艺术品，妇女因喜欢她而购买，而不是因为它在流行中，她应觉得她永远可以穿着。”它的设计是永久性的而不是时髦一时：一件米索尼服装，可以在一个季节里与一种你喜欢的颜色搭配，也可以在下一季节里与另一种色彩搭配。抽象画色彩的组合具有现代意义，把米索尼针织服装提高至艺术的形象，是艺术与机械的统一调和。

米索尼时装取得显著成功，在20世纪70、80年代，它是战后意大利服装业复兴的一个里程碑，是世界时装一个杰出的标记。

普拉达 (Prada)

品 牌 档 案

1. 类 型：高级成衣
2. 创始人：马里奥 · 普拉达兄弟 (Mario Prada and brother)
3. 注册地：意大利米兰 (1913 年)
4. 设计师：① 1978 年前，以经营皮件与进口商品为主，负责人马里奥 · 普拉达
   ② 1978 年至今，缪科雅 · 比安奇 · 普拉达 (Miuccia Bianchi Prada)。作为品牌创始人马里奥 · 普拉达的孙女，曾获得政治学博士学位，并一度活跃于政坛。20 世纪 70 年代末 80 年代初，转向服饰设计，继承并发扬了其祖父遗留下来的普拉达风格，使这个品牌成为当今世界炙手可热的知名商标
5. 品牌线：①普拉达 (Prada)
   ②缪缪 (MIU MIU)
6. 品 类：1913 年一 1978 年，早期经营的是各类皮件与进口商品，以供上层社会之所需，其中有从美国进口的哈特曼 (Hatman) 行李箱，从澳大利亚来的手提包，伦敦的银饰品以及水晶、玳瑁、贝壳制的饰物
   1978 年，推出成衣、鞋类与饰品
   1992 年，增加缪缪品牌线，产品包括成衣、包袋、鞋类
   1994 年，增加男装
   1998 年一 1999 年增加内衣、家居、运动系列
7. 目标消费群：中等以上收入的阶层
8. 营销策略：①产品风格融古典与现代为一体，品类齐全，风格统一
   ②专卖店
   ③展示会
9. 销售地：1913 年，意大利米兰
   1994 年，进入英国伦敦
   1994 年，进入中国市场
   如今在世界各地有售
10. 地址：意大利米兰安德里亚 · 玛费大街 2 号
    Headquarters Prada S.P.A. Via Andrea Maffei,220154
11. 奖项：①美国时装设计师委员会配饰设计国际奖 1993 年
    ②缪科雅 · 普拉达获美国时装设计师委员会国际奖 2004 年
12. 网 址：www.prada.com

风格综述

2005年5月，普拉达在上海外滩颇具历史特色的和平饭店举行了名为“缪科雅一普拉达：艺术和创作展”（Miuccia Prada:Art and Creativity）的作品展，让人们近距离得欣赏了其完美的裙装设计理念、技术和工艺。

普拉达是近几年来在世界各地特别是亚洲十分受欢迎的一个牌子。它的历史要比人们想象中的久远，可以追溯到1913年。当时普拉达是一个专营皮件与进口商品的零售店，创立者马里奥·普拉达兄弟遍访欧洲，选购精美的箱包、饰品以及衣类等供上层社会享用。这些物品都经过马里奥·普拉达的精心挑选，形成了一种普拉达风格概念，70年代末以后普拉达的孙女缪科雅的出色努力，使该品牌当红于今。

1978年以后的普拉达风格有了新的版本，这得归功于创立者的后代。缪科雅在二十多岁时曾一度活跃于米兰的政界，并获得过政治学的博士学位。后来她转向服装设计行业，主持普拉达的设计工作。在她看来，女性是最好的设计师，现代的时装表达的正是女性自身的感受。她个性中无构无束的天性被充分表达在她的设计理念中，她设计的服装能容许穿者运动自如，远离所有的束缚与限制。她每季作品都含有各种组合，以供世界上各类顾客的挑选与随意搭配。她的设计通常是古典主义中注入前卫的元素，融合了传统与时髦，表达了优雅的精致感和浓浓的书卷气。

生活在米兰这座以精湛技艺与典雅风格著称的时尚城市，缪科雅从小耳濡目染，熟知各类面料风格与服装的缝制工艺。在阿瑞泽(Arezzo)附近的工厂，缪科雅对设计各个步骤，从样衣的制作到工艺单的制订，进行把关控制。IPI公司(I Pelletieri D'Italia)负责普拉达产品的生产与分销，努力把每一件普拉达的工业化成品制成艺术家手下的精品。

1992年，缪科雅又推出个人色彩浓重的品牌线“缪缪”。这个品牌不仅以她个人名字命名，还充分表现了缪科雅本身的着装风貌。对比元素的组合恰到好处，精细配粗糙，天然与人造，不同质材、肌理的面料统一于自然的色彩中，艺术气质极浓。衍缝或钩编的服装，羊皮茄克、木屐、长统靴……不那么讲究材料的后处理，而强调制作的精湛技艺。

20世纪70年代，普拉达率先推出尼龙面料手提袋，质轻又耐用，配上皮饰或流苏，与金属质材的PRADA标牌一起成为沿用至今的风格标识。普拉达的用料大多别致，如斑点图案的丝质雨衣，双面开司米外套，貂皮饰边的尼龙风雪衣等都颇有高级女装的用料特征。但这些并不是普拉达的全部魅力之所在，正如缪科雅所言：“面料终归是面料。新奇的不是面料本身，而是把它们组合起来的方式。”

缪科雅的丈夫帕楚吉奥·伯太利(Patrizio Bertelli)是她生意上的合伙人兼得力助手，两人一同打理公司的业务，举行发布会和各类文化活动。如今，普拉达集团已经成为欧洲乃至世界颇有名望的上市公司，众多品牌如赫尔穆特·朗（Helmut Lang）等均为其所持股。

乔治 · 阿玛尼 (Giorgio Armani)

品 牌 档 案

1. 类 型：高级时装、成衣
2. 创始人：乔治 · 阿玛尼 (Giorgio Armani)
3. 注册地：意大利米兰 (1974 年)
4. 设计师：乔治 · 阿玛尼
   1934 年出生于意大利，1952 年一 1953 年学习医药及摄影专业
   1954 年一 1960 年，拉瑞那斯堪特 (La Rinascente) 百货店厨窗设计师及打样师
   1960 年一 1970 年，切瑞蒂 (Nino Cerruti) 的男装设计师
   1970 年一 1974 年，自由设计师，1974 年注册自己的公司和品牌
5. 品牌线：①乔治 · 阿玛尼 (Giorgio Armani)：高级时装
   ②爱姆普里奥 · 阿玛尼 (Emporio Armani)：成衣
   ③玛尼 (Mani)：成衣
   ④阿玛尼牛仔 (Armani Jeans)：休闲服及牛仔 服
   ⑤阿玛尼 · Exchang(Armani Exchang)：休闲服
   ⑥阿玛尼 · 卡尔兹 (Armani Collezioni)：成衣
   ⑦阿玛尼 · 卡萨 (Armani Casa)：家居产品
   ⑧阿玛尼 · 儿童 (Armani Junior)：童 装
6. 品 类：1974 年推出男装系列；1975 年推出女装系列
   1981 年二线品牌爱姆普里奥 · 阿玛尼及阿玛尼牛仔品牌诞生
   1987 年稍便宜些的“玛尼”品牌女装推出
   1987 年乔治 · 阿玛尼 · 奥西亚利及乔治 · 阿玛尼 · 卡尔兹系列推出
   1989 年休闲服系列及年轻人系列推出
   1982 年、1984 年、1992 年分别推出香水系列
   后又推出化妆品系列家居系列和童装系列
7. 目标消费群：乔治 · 阿玛尼针对较富有阶层；玛尼、爱姆普里奥 · 阿玛尼等则针对大众消费
8. 营销策略：①同一公司旗下有多条针对各种层面的品牌线以拓展消费群
   ②广告及展示会
9. 销售地：1974 年意大利米兰市场，1989 年进入伦敦市场，1991 年进入美国市场，1997 年在米兰、伦敦、东京开设第一家乔治 · 阿玛尼 · 卡尔兹，同年在罗马开设阿玛尼牛仔店面，目前专卖店已遍布世界近 40 个国家
10. 地 址：意大利米兰 20122 博格纽沃街 21 号
    (Via Borgonuovo 21，20122 Milam，Italy)
11. 奖 项：①奈门一马科斯奖 1979 年
    ②库蒂 · 沙克奖 1980 年、1981 年、1984 年、1986 年、1987 年
    ③纽约时装协会颁发的国际超级明星大奖 2004 年
    ③美国时装设计师委员会奖 1983 年
    ④美国时装设计师委员会终生成就奖 1987 年
    ⑤流行组织国际超级明星大奖 2004 年
    ⑥另获生活成就奖、全羊毛标志奖以及德国 “班比奖”最佳国际设计师奖等
12. 网 站：www.giorgioarmani.com

风格综述

作为20世纪70年代意大利时装设计走向世界的拓荒者，乔治·阿玛尼撑旗的系列品牌风格明显、经营成功，具有世界性的名望和影响。阿玛尼系列品牌紧紧抓住国际潮流，创造出富有审美情趣的男装、女装；同时也以使用新型面料及优良制作而闻名。就设计风格而言，它们既不潮流亦非传统，而是二者之间很好的结合，其服装似乎很少与时髦两字有关。虽然每个季设计都有一些适当的可理解的修改，但整体上却全然不顾那些足以影响一个设计师设计风格的时尚变化，因为设计师阿玛尼相信服装的质量更甚于款式更新。他的系列品牌都定位在柔和、非结构性的款式、玩弄一些层次及色彩上的变化，并经常调整比例。

作为设计师品牌，阿玛尼系列服装折射了设计师的经历。乔治·阿玛尼在时装工业上第一次尝试是在1954年，为意大利大型连锁百货商店La Rinascente做橱窗展览，然后转至“时尚与款式”办公室，在那里，在关于面料的使用以及根据客户的描述进行设计以满足时尚目标等方面，他得到了很好的锻炼。七年后，他去了Nino Cerruti公司从事男装设计。他是世界上宽肩外观男装设计的先驱，他的设计摆脱了19世纪以来标准裁剪的服装外形，通过删除面子、里料、肩垫等修改了茄克衫的结构，创造了柔和的裁剪效果。刚开始其设计生涯时，设计师就把眼光投向男茄克，因为他认为茄克是服装史上最重要的发明，集多样性与功能性一体，适合于各个阶层。他曾把运动装的休闲性移植于茄克等男装，过了不久，相似概念又出现在女装上，为女性提供了一种新的着装方式。

以设计师的名字注册的乔治·阿玛尼品牌，现在已是在美国销量最大的欧洲设计师品牌之一，这一品牌的服装充分展示了设计师的天才和设计个性风格，尽管该品牌服装拥有范围广泛的服装功能，但是弹性、适应性似乎不被看重。事实上，这些服装都拥有豪华的高品质的面料，如阿尔帕卡、羊绒、麂皮。每件服装都是精品，具有广泛的可配套性，这使得单品组合成了它的又一风格特性。衣装尽管昂贵，但都有着独特的魅力而不是过分的夸张。

为了扩大客户群，满足大众对设计师品牌的需求，阿玛尼将品牌分成十几个定位不同的子品牌，从低价位的阿玛尼牛仔裤到爱姆普里奥·阿玛尼和乔治·阿玛尼·卡尔兹，直到非常昂贵的乔治·阿玛尼等。品牌套品牌的策略使他的设计风格更加深入人心，而同时又不会导致阿玛尼的整体品牌价值下降。

2006年4月，由古根海姆基金会与上海美术馆合作组织了“乔治·阿玛尼回顾展”(Giorgio Amarni Retrospective)，这是继纽约、西班牙、柏林、伦敦、罗马和东京后的第七站，也是亚洲巡回展的最后一站。历时一个月的展出，让身于上海的时尚爱好者和从业者们对阿玛尼的职业生涯以及他在不同时期、不同领域的时装作品的创作有了全面、生动地了解。

阿玛尼的服装似乎很难定格于某一特别的形式，因为它适合于城市里的生活，是介于传统与现代间的典型。

瓦伦蒂诺 (Valentino)

品 牌 档 案

1. 类 型：高级时装、高级成衣
2. 创始人：瓦伦蒂诺 · 加拉瓦尼 (Valentino Garavani)
3. 注册地：意大利罗马 (1960 年)
4. 设计师：瓦伦蒂诺 · 加拉瓦尼
   1932 年 5 月出生于意大利，1948 年前在米兰学习法语和时装设计
   1949 年— 1951 年，在巴黎时装联合会设计院学习服装设计
   1950 年— 1955 年，在让 · 德塞 (Jean Dess é s) 公司任助理设计师
   1956 年— 1958 年，任纪 · 拉罗什 (Guy Laroche) 助理设计师
   1959 年，任伊勒娜、加利特赞公主 (Princess Irene Galitzine) 助理设计师
   1960 年，在罗马成立了瓦伦蒂诺公司
   1968 年— 1973 年，瓦伦蒂诺公司被肯通 (Kenton) 公司接管
   1973 年瓦伦蒂诺重新购回了公司
5. 品牌线：瓦伦蒂诺 (Valentino)
6. 品 类：1960 年公司成立时，设计高级时装
   1962 年展示高级成衣系列
   1972 年推出男装系列
   1973 年推出室内装饰用纺织品及礼品系列
   1978 年推出香水系列
   1997 年推出 Vzone Sportwear 运动系列
   2000 年推出瓦伦蒂诺 · 罗马品牌线
7. 目标消费群：富有的阶层
8. 营销策略：①建立长期稳定的客户群
   ②专卖店
9. 销售地：1960 年开发罗马市场；1968 年进入巴黎市场；1979 年进入米兰市场；1987 年进入伦敦市场；此外，在纽约、开普里等地均有销售；1996 年在罗马开设新的精品店；2001 年重新恢复在米兰的店
10. 地 址：意大利罗马 00187，皮亚察密格那内利 22 号
    (Piazza Mignanelli 22，00187 Rome，Italy)
11. 奖 项：①奈门—马科斯奖 1967 年
    ②意美基金会奖 1989 年
    ③美国时装设计师委员会终生成就奖 2000 年
12. 网 址：www.valentino.it

风格综述

就像设计师瓦伦蒂诺生活方式一样，瓦伦蒂诺品牌服装体现了永恒罗马的富丽堂皇。

1960年，瓦伦蒂诺开了他第一家时装沙龙。他的设计是高品质的、豪华的甚至是奢侈的，这些服装马上就吸引了一批顾客。到60年代中期，推出独特的裤装，供白天和晚上穿着。

1968年，“白色系列”诞生，短裙配以蕾丝长统袜及简单平底鞋。同年，杰奎琳·肯尼迪挑选了一套蕾丝饰边的丝质两片外套配短的褶裥裙，在她与希腊船王奥纳西斯结婚时穿着，红色是瓦伦蒂诺的主色调，贯穿在其所有作品系列中，特别是在那些以华丽绣花和精妙的细部为特征的晚礼服上。有一个回顾展曾专门展示串满珠子的夜装茄克衫，扇形饰边、无肩袖、圆形褶边配以华丽的款式与结构的混合，以蕾丝、丝绒、犬牙织纹的织物结合在一件衣服上，如此等等，都是典型的瓦伦蒂诺装饰。

瓦伦蒂诺产品有高级时装及成衣和其他系列，如男装、女装、内衣、皮革制品、眼镜、毛皮、香水等。他的休闲系列“奥利佛系列”是针对年轻人的市场。他的特别晚礼服系列“瓦伦蒂诺之夜”，奢华雍丽，被客户广泛地选用。他有一批长期建立的稳定的富裕的贵族妇女客户群，但他的设计并不是保守的，时时推出新的款式。

一种虔诚的肃静及激动的喧嚣同时包围着瓦伦蒂诺：1991年，他在罗马举行庆祝三十周年纪念活动。这个活动是典型的瓦伦蒂诺风格，华美壮丽的时装回顾展，豪华的正式宴会以及通宵舞会，杂志社报道了这个活动的参加者及活动的整个过程。他在伦敦、纽约、卡普里等地的房子也经常出现在报纸杂志上。

2004年4月，“VALENTINO走进中国”新闻发布会暨“VALENTINO品牌男装系列中国地区总代理授权签约仪式”在北京王府饭店大宴会厅隆重举行，瓦伦蒂诺品牌正式进入中国市场。

瓦伦蒂诺所有系列都表达着奇特的观点，那就是对于永恒和原始的敏感把握，“瓦伦蒂诺”这个词意味着豪华、富有，甚至是奢侈，表征着一种华丽壮美的生活方式。罗马之所以能成为世界时装中心之一，瓦伦蒂诺功不可没。

詹弗兰科 · 费雷 (Gianfranco Ferré)

品 牌 档 案

1. 类 型：高级时装、高级成衣
2. 创始人：詹弗兰科 · 费雷 (Gianfranco Ferré)
3. 注册地：意大利米兰 (1978 年)
4. 设计师：詹弗兰科 · 费雷 (Gianfranco Ferré)
   1944 年 8 月 15 日出生于意大利
   1969 年毕业于米兰工艺大学建筑设计专业
   1969 年一 1973 年在米兰任珠宝及饰品设计师
   1974 年在米兰的贝拉 (Baila) 公司任设计师
   1978 年在米兰开创自己的女装品牌
   1989 年被聘为法国迪奥 (Dior) 公司的首度设计及艺术指导
5. 品牌线：①詹弗兰科 · 费雷 (Gianfranco Ferré)：女装
   ②费雷工作室 000.1(Studio 000.1 by Ferré)：二线品牌，男装、女装
6. 品 类：1978 年推出女装成衣
   1982 年添加男装
   1984 年推出香水，1985 年推出手表类产品，1986 年推出眼镜及男用香水等
   1986 年一 1988 年开设高级时装系列
   1987 年二线品牌开设，男女装均有，同年推出皮革类服饰
   1989 年推出牛仔装系列
   1991 年推出女用香水，1992 年推出家用亚麻制品
   1995 年推出 GFF Gianfranco Ferré 系列
   1996 年推出 Gieffeffe bridge 和男士牛仔系列，1997 年推出女士牛仔系列
   2000 年开始定制店
   2003 年推出 GF Ferré 系列，Gianfranco Ferré ’ white label 系列，Gianfranco Ferré ’ red label 系列，Gianfranco Ferré 珠宝系列
   2005 年推出 GF 钟表系列，Ferré 系列
7. 目标消费群：①詹弗兰科 · 费雷 (Gianfranco Ferré)：高中收入阶层
   ②费雷工作室 000.1(Studio 000.1 by Ferré)：一般收入消费群
8. 营销策略：①走多产品线道路，满足不同类型的消费市场
   ②专卖店，特许证经营，专门设计
9. 销售地：意大利、美国及世界多个国家和地区
10. 地 址：意大利米兰 20121，德拉路斯皮格 19 号
    (Via de lla Spiga 19a，20121 Milan，Italy)
11. 奖 项：①金剪刀奖 1976 年
    ②纽约库蒂 · 沙克男装大奖 1985 年
    ③金顶针奖 1989 年
    ④ 1983 至 1989 年六获金晴奖
    共计重要奖项达十八项之多
12. 网址：www.gianfrancoferre.com

Gianfranco Ferré Gianfranco Ferré Gianfranco Ferré Gianfranco Ferré Gianfranco Ferré

风格综述

当人们关注着自1989年费雷加盟后的迪奥，可能已忽视了在意大利米兰以费雷自己的名字命名的服装品牌。事实上，费雷品牌组在成衣市场上占有很大份额，1994年在欧洲销售榜上排列第15位，在意大利本国同行中名位第4，达9亿5千万马克(德国某杂志公布的数据)。“詹弗兰科·费雷，意大利制造”的标识，集中反映了设计师费雷与众不同的时装理念。

或许是早年曾学习建筑的原因，费雷在一定程度上受建筑艺术原则的影响。其设计坚持满足消费者需求的原则，注意实用功能，常选用高质量的面料，非对称的戏剧化的比例和清晰的线条构成独到的“设计眼”。正如费雷自己所言：作为一名设计师，我的作品产生于多方因素集合的背景过程中，其中创意与想象力起着重要作用，而最坚固的基石则是理性的分析。

费雷品牌的女装舒展热烈，结构貌似简单却蕴含丰富内涵。幻觉联想与建筑美学原理的结合赋予女装无穷的魅力。服装中的比例常具戏剧性，传统的衬衫往往配有夸张的领子和袖克夫；外套及茄克注重其整体廓型。裙装或长礼服大衣常用毛皮及华贵的材料，如红、黑、白、金色等视觉强烈的皮革、塔夫绸的应用，使服装能展示现代的女性魅力理念。

费雷品牌男装则平和、素朴一些。力求尊重传统、再融合一些个性化的现代因素。其顾客一般均为倾向于欣赏传统服饰及经典线条结构的消费者。设计师费雷也曾大胆地革新剪裁及缝纫技术，使男装更加舒适，外形亦更加洒脱大方。伦敦是设计师费雷主要的男装灵感源，如其所言：伦敦城对大胆创新及绝然现代的着装方式的包容与接纳，使其自然有着怪异独特的风格。

在服装的设计和经营中，求实精神是费雷品牌的成功之梯。市场的需求、生产环节、经济状况、主题风格表现以及推广传播等各种实际因素的综合考虑保证了费雷品牌的成功。就连费雷品牌中最常见的粉红色也似乎是实用主义的产物，设计师费雷是这样解释偏好粉红色的原因——因为它在所有的染料中最便宜。

费雷的二线品牌费雷工作室000. 1属于为职业上班族推出的端庄典雅又时兴新潮的服装。另外其相继推出的各类产品和品牌线均取得成功。

优美的外形轮廓、讲究的做工质量充分体现阴柔或阳刚的性别魅力，展示自信自强的个性又不失亲切时髦，费雷品牌有着浓厚的意大利风格。无论是成衣、皮革制品、眼镜、皮草、鞋等都极具精致、优雅的特色。从高级成衣到大规模牛仔，再加上高级时装定制，费雷品牌组适应于不同消费对象的需要。

爱使普利 (Esprit)

品 牌 档 案

1. 类 型：成衣
2. 创始人：祖西 · 汤普金斯 (Susie Tompkins)
   杜格 · 汤普金斯 (Doug Tompkins)
   简 · 蒂斯 (Jane Tise)
3. 注册地：美国旧金山 (1968 年)
4. 设计师：① 1968 年祖西 · 汤普金斯 (Susie Tompkins)
   ② 1996 年杰西 · 马戈利斯 (Jay Margolis)
   ③ 2000 年乔 · 海因 (Joe Hein)
5. 品牌线：爱使普利 (Esprit)
6. 品 类：1968 年起推出休闲运动类服装
   1989 年推出 Esprit 男士系列
   1992 年推出环保主题服装
   1994 年在日本推出成衣系列
   1998 年获得 DKNY 童装许可证，为三十周年庆推出 DKNY 童装系列，2000 年 DKNY 童装系列归 Oxford Industries 所有。2001 年取得睡衣，泳装等的许可证另外有家用纺织品系列
7. 目标消费群：各个层次消费者包括从十几岁少年到中年人
8. 营销策略：①在全球各地开设零售店网络
   ②塑造属于 Esprit 的品牌文化、风貌
   ③严格控制生产，缩短操作流程，节约成本，降低价格
9. 销售地：1968 年美国旧金山市场
   20 世纪 70 年代中期进入斯里兰卡、印度新德里市场
   1989 年进入杜塞尔多夫等欧洲市场
   1993 年成衣进入日本市场
   至 1994 年全球百货零售店就达 240 多家
   1997 年向中国市场投资
10. 地 址：美国加利福尼亚 94107，旧金山朗尼苏达街 900 号
    (900 Minnesota Street，SanFrancisco，California 94107，USA)
11. 奖 项：德国 Forum-Preis 奖 2000 年
12. 网 站：www.esprit.com

风 格 综 述

作为国际名牌，中国人体会得最多的是爱使普利，它在中国有很多专卖店，在中国大陆，它是美国风格的代名词之一，而爱使普利的成功又是从远东地区开始，这也算是有关爱使普利的一段趣事。而作者曾经还在巴黎罗浮宫看到它的专卖店。

爱使普利公司20世纪70年代的注册名为“Esprit de Corp”，其意为创造企业内“有组织、相互合作、相互交流、相互友爱”的精神。其经营宗旨从来都是“与众不同”。随着爱使普利品牌的成功，也创造了一种全新的爱使普利文化、爱使普利风貌。

爱使普利品牌风格独特，是“从街头风格的时装如DKNY品牌，CK品牌到职业服装风格的安妮・克莱因Ⅱ(Anne Klein Ⅱ)品牌的巧妙结合”。在爱使普利品牌服装中，从来不可能出现紧身的鸡尾酒会晚礼服，也不可能出现令人窒息的弹力紧身服装。宽松的人造棉背心、上装配以宽裤脚长裤或是柔软的及小腿肚长的棉质裙，是典型的爱使普利品牌的形象。爱使普利带给人们的是一种北加州的生活方式，明媚的阳光、亮丽的色彩、户外运动及永远的青春和群体生活意识。

爱使普利在面料的选用上非常注重环境保护，这符合人类生存环境发展的要求，正是它第一次引起中国消费者关注关于衣装的环境保护问题。1992年春天的系列，就强调突出了这一主题。在爱使普利服装中，85%以上是采用天然纤维，尤以棉和毛为主，这其中有50%来自中国。

在色彩运用上，爱使普利也是成功老到的。它们弃用那些经常被人使用的适于十二、三岁少女的浅粉红色，而选用更显成熟暗粉红色。爱使普利色彩既显年轻但仍适合于年纪稍大些的消费者。

爱使普利在经营策略的独特之处是有目共睹的，严格的组织管理和高度的合作精神是爱使普利取得成功的保证。爱使普利每个季节要推出近800个不同款式，而且所有的面料、辅料生产都是由爱使普利公司自行控制。一个强有力的可靠的生产基地对于爱使普利是必不可少的。了解顾客的心理，随时掌握消费者对于爱使普利的产品、广告及服务的反应，及时调整并引导消费。

在品牌经营上，20世纪70年代爱使普利公司旗下有七个不同的品牌，每个品牌代表着一个形象，虽然各自销售情况不错，但是爱使普利公司及品牌形象比较模糊，且对于爱使普利来说同时促销七个不同形象的品牌是非常困难的。1979年七个品牌合并为Esprit。一场大规模的促销活动使爱使普利迅速红遍全球，在1985年其销售额就达到70亿美元。一种全新的爱使普利风貌随之遍及全球。1993年到2003年的十年间，经历四次重大收购，香港的思捷环球公司掌控了爱使普利公司品牌。如今公司的日常业务管理大本营设在德国，香港总部主要负责财务。

奥斯卡 · 德拉伦塔 (Oscar de la Renta)

品 牌 档 案

1. 类 型：高级时装、高级成衣
2. 创始人：奥斯卡 · 德拉伦塔 (Oscar de la Renta)
3. 注册地：美国纽约 (1973 年)
4. 设计师：奥斯卡 · 德拉伦塔 (Oscar de la Renta)
   1932 年出生于多米尼加共和国
   1950 年一 1952 年就读于多米尼加国立艺术学院
   1953 年一 1955 年就读于西班牙马德里的圣费尔南多学院 (San Femando)
   1949 年一 1961 年工作于巴伦西亚加 (Balenciaga) 在马德里的服装店
   1961 年一 1963 年任巴黎朗万 (Lanvin) 时装店助理设计师
   1963 年一 1965 年任美国纽约伊莉莎白 · 艾登 (Elizabeth Arden) 服装店设计师
   1965 年一 1969 年与人合伙开办珍妮 · 德比 (Jane Derby Inc) 公司，并任设计师
   1973 年自创奥斯卡 · 德拉伦塔 (Oscar de la Renta) 公司
   1993 年被法国著名高级女装公司皮尔 · 巴尔曼 (Pierrie Balmain) 聘为首席女装设计师
5. 品牌线：奥斯卡 · 德拉伦塔 (Oscar de la Renta)：高级时装
   奥斯卡 · 德拉伦塔 II (Oscar de la Renta II)：高级成衣
   奥斯卡 · 德拉伦塔一工作室 (Oscar de la Renta Studio)：二线品牌，女装
6. 品 类：1967 年推出高级时装及成衣
   1973 年添加毛皮、珠宝首饰等，1977 年起推出香水
   现产品类别包括有高级时装、高级成衣、珠宝首饰、男装、香水、家庭亚麻日用制品等等
7. 目标消费群：高中等收入的消费群，以女性为主要对象
8. 营销策略：①采用专卖店、专门设计等形式
   ②多品牌线经营
9. 销售地：1967 年在美国开店经营，如今各类产品已进入美洲、欧洲及亚洲等市场
10. 地 址：美国纽约 10018，第七街 550 号
    (550 Seventh Avenue，New York 10018，USA)
11. 奖 项：①科蒂美国时装评论大奖 1967 年、197 3年
    ②科蒂回归大奖 1968 年
    ③金剪刀奖 1969 年
    ④美国印花布协会“汤米”大奖 1971 年
    ⑤美国时装设计师委员会终生成就奖 1989 年
    ⑥美国时装设计师委员会年度最佳女装设计师奖 2000 年
    ⑦获得西班牙国王和王后颁发的金奖 2000 年
12. 网 站：www.oscardelarenta.com

风 格 综 述

华丽、精致、典雅的奥斯卡·德拉伦塔品牌堪称美国时装的代表之一。该品牌创立者及设计师德拉伦塔出生于多米尼加共和国，且三十岁才到纽约创业，如今他已是美国时装界的举足轻重的人物。尤其是1993年初，他接受了著名的法国高级女装公司皮尔·巴尔曼 (Pierre Balmain)聘用而成为第一位被法国高级女装公司任用的美国设计师，此举反映了美国时装及美国设计师国际影响及地位的提高。

奥斯卡是时尚潮流的始作俑者。20世纪60年代是该品牌服装广为流行并被大量仿制的年代。其作品精致且巧妙结合街头款式，如阿拉伯式印花的斜纹布上衣、绣花短热裤配以真丝迷你装。70年代以吉普赛及俄罗斯风格为主题的少数民族风貌，在很大程度上归因于德拉伦塔的推崇和领导，如带流苏的大头巾和披肩、农夫式的大罩衫及长袍裙等。进入90年代后，在其优雅、华丽的浪漫风格晚礼服中狐狸毛、白貂皮、刺绣菲尔绸、织绵缎、西风纱(雪纺)等成了常用面料，虽价格昂贵却被认为是佳作。

奥斯卡·德拉伦塔深谙女性需要并创造时装经典，简洁明了，却有着戏剧性的风格体现。如以塔夫绸、雪纺、天鹅绒等为面料，配以层叠的领及克夫设计；配有金线刺绣、珠宝饰品的套裙等。

与一般的美式时装经营方式相似，德拉伦塔也推出自己的二线品牌，所不同的是其并非单纯走低价青春路线，而是从职业女性的上班服到度假的休闲装，以及夜间任何场合穿着的衣服，一应俱全。奥斯卡二线品牌的晚装被评论界誉其为“最佳的晚礼服系列”。正如他自己所解释的那样：“这个新系列对女性充满灵活性，应有尽有。实用服饰可以表现你的端庄风度，而华丽装束可将你扮成一个魅力女郎，至于休闲服则是周末等闲暇时刻的理想选择。”

美国式的风雅，是奥斯卡·德拉伦塔品牌的总体格调，无论是高级时装、成衣还是饰件都使女性痴迷钟爱。即便是作为男性的作者也曾因拥有一件奥斯卡品牌的西装而得意一时。

比尔 · 布拉斯 (Bill Blass)

品 牌 档 案

1. 类 型：高级成衣
2. 创始人：比尔 · 布拉斯 (Bill Blass)
3. 注册地：美国纽约 (1970 年)
4. 设计师：①比尔 · 布拉斯 (1922 年— 2002 年)
   1922 年出生于印第安纳州韦恩，1936 年— 1939 年在福特韦恩高等学校就读
   1939 年在纽约帕森设计学院学习时装设计
   1940 年— 1941 年任纽约戴维，克利斯托尔运动装公司画稿员
   1941 年— 1945 年在美国陆军服兵役
   1945 年任纽约安娜 · 米勒公司设计师
   1959 年— 1961 年任纽约安娜 · 米勒公司设计师
   1961 年— 1970 年任莫利斯 · 雷特公司副总裁
   1970 年收购雷特公司并改名为比尔 · 布拉斯
   1999 年举行告别庆典，2000 年举行个人最后一场发布会
   ② 2001 年拉斯 · 尼尔森 (Lars Nilsson)
   ③ 2003 迈克尔 · 瓦布拉齐 (Michael Vollbracht)
5. 品牌线：①比尔 · 布拉斯 (Bill Blass)：男女时装
   ②运动的布拉斯 (Blasspat)：二线品牌以高级成衣为主
6. 品 类：1970 年推出时装
   1972 年推出运动装
   1978 年推出系列香水
   特许证经营的还有男装、女运动装、毛皮服装、泳装、茄克、床上用品系列、鞋、汽车等
7. 目标消费群：传统型时尚阶层
8. 营销策略：①特许证经营
   ②广告及促销，专卖店
9. 销售地：以美国纽约为中心，全世界各地均有销售
10. 地 址：美国纽约 10018，纽约 第七大街550 号
    (550 Seventh Avenue，New York，New York 10018，USA)
11. 奖 项：①科蒂美国时装评论“维妮奖” 1961 年、1963 年、1970 年
    ②芝加哥黄金海岸时装奖 1965 年
    ③纽约国家棉花协会奖 1966 年
    ④奈门—马科斯奖 1969 年
    ⑤印花布协会奖 1971 年
    ⑥比尔 · 布拉斯获美国时装设计师协会终生成就奖 1986 年
    ⑦比尔 · 布拉斯获美国时装设计师协会特别奖——美国时尚主教 (The Dean of American Fashion) 2000 年
12. 网 站：www.billblass.com

风 格 综 述

比尔·布拉斯服装是质朴与原始的完美结合。款式是高品味的、永恒优雅的，它那不可抗拒的魅力，征服了美国社会。

布拉斯服装那富有想象力的设计，让人充分体会了令人目眩的豪华。闪亮的马蒂斯系列散发着浓郁的布拉斯气息，随着顾客们扩散向四方，布拉斯成了著名的玩弄时尚游戏的专家。

布拉斯服装结构是简洁的，没有多余的成分。有时为了装饰上需要，会在衣服上加一饰块，尽管这可能不是结构上需要。

鲜艳的格子花呢及醒目的花纹图案是布拉斯的偏爱，并大胆地把花型与结构结合起来。灰色、灰绿色、西红柿红、艳绿及绿黄等色被巧妙地搭配使用。面料上较多采用进口的纯羊毛、纯棉、纯丝、尼龙织物。

服装层次是布拉斯服装的一个重要特征。红的羊毛开衫配红的丝绸裤子或灰色法兰绒裤子；镶拼猩红呢绒狭长翻领的灰色呢绒面料大衣，格子花呢上装，灰色呢绒裙子三件套搭配。无论是开衫配裙子还是纱罗单袖缠绕的晚装都很讲究层次感。

布拉斯服装是传统的而非愤世嫉俗的，包含着许多歌剧的因素。与设计师曼布褐的风格相似，布拉斯有时会把日装上的设计带至雅致的晚装上，梦幻般的布拉斯晚装使顾客切身体会到它的豪华。简洁优雅的绣花茄克衫让人想起斯基亚帕雷利(Schiaparelli)，但又明显是布拉斯的风格。

作为设计师，布拉斯堪称是美国时装设计师的领袖人物，有着无穷的创造力和想象力，他的设计总是富有浪漫激情的，他创造了华丽雍贵，但却从不鄙俗，时髦、和谐、舒适而又潇洒。

作为企业家，布拉斯同样是位广告促销的奇才。“找您的设计师布拉斯”等带有口号性、鼓动性的广告词是布拉斯的另一种杰作。同时，布拉斯能充分迎合消费者心理，他喜欢与穿着布拉斯品牌服装的女士相聚，而那些女士亦愿意与他在一起。布拉斯从顾客那儿学到很多，并满足他们的愿望与需要。对于布拉斯服装而言，“顾客是上帝”并不只是一句奉承的话，而是需要去了解并适应顾客。比尔，布拉斯的设计才华和经营本领，把布拉斯品牌带向辉煌。

当比尔·布拉斯在2001年退休的时候，尼尔森接任了创意总监的职位。2002年6月12日美国一代服装大师布拉斯逝世，享年79岁。布拉斯公司2003年的内部调整非常大，主设计师全部更换，起用新人迈克尔·瓦布拉齐。设计师的主要意图是继续保留布拉斯的神秘感，为未来的消费者——成长中的淑女而设计。

卡尔万 · 克莱因 (Calvin Klein)

品 牌 档 案

1. 类 型：高级时装、高级成衣
2. 创始人：卡尔万 · 克莱因 (Calvin Klein)
   巴里 · 施瓦茨 (Barry Schwartz)
3. 注册地：美国纽约 (1968 年)
4. 设计师：①卡尔万 · 克莱因 (Calvin Klein)
   1942 年出生于美国纽约
   1959 年— 1962 年就读于著名的美国纽约时装学院 (F.I.T)
   1962 年— 1964 年担任丹 · 米尔斯坦 (Dan Millstein) 助理设计师
   1964 年— 1968 年为自由设计师
   1968 年与人合作创办卡尔万 · 克莱因 (Calvin Klein) 公司
   1991 年公司进行重组
   ② 2002 年，弗朗西斯科 · 科斯塔 (Francisco Costa)
5. 品牌线：①卡尔万 · 克莱因 (Calvin Klein)：高级时装
   ② CK · 卡尔万 · 克莱因 (CK Calvin Klein)：高级成衣
   ③卡尔万 · 克莱因牛仔 (Calvin Klein Jeans)：二线品牌，较年青风格
6. 品 类：1968 年高级时装、成衣问世
   1985 年推出香水
   现有男女高级时装、成衣、男女休闲装、牛仔装、香水、眼镜等品类
7. 目标消费群：①卡尔万，克莱因及 CK · 卡尔万 · 克莱因针对中等收入以上消费阶层
   ②卡尔万，克莱因牛仔针对普通消费者，尤其是青年
8. 营销策略：①走多品牌线经营之路，男、女装并重
   ②广告宣传及推广方式独到，能引起传媒界及消费者的持久关注
   ③采用在百货店中设专柜及专卖店方式
9. 销售地：美国、巴西、日本、中国等世界各地
   1999 年在肯特建立第一个 CK 自助店，2000 年在曼切斯特建立 CK 自助店
10. 地 址：美国纽约 10018，第 39 街西 205 号
    (205 West 39th St. New York 10018，USA)
11. 奖 项：①科蒂美国时装评论大奖 1973 年、1974 年、1975 年
    ②贝斯服装博物馆年奖 1980 年
    ③美国时装设计师委员会奖 1983 年
    ④美国时装设计师委员会最佳美国发布会奖 (Best American Collection) 1987 年
    ⑤美国时装设计师委员会最佳女装设计师奖 1993 年、2001 年、2006 年
    ⑥美国时装设计师委员会最佳男装设计师奖 1993 年、1998/1999 年
    ⑦美国时装设计师委员会终身成就奖 2001 年
12. 网 站：www.calvinklein.com

风 格 综 述

自20世纪70年代后期设计师卡尔万·克莱因破天荒地将如靛蓝牛仔布等平实、朴素的面料用于时装设计中，以他的名字命名的卡尔万·克莱因品牌也成了20世纪后期成功的美式服装的典范。二十多年来卡尔万·克莱因品牌的时装风格随意，结构简单，而对于衣料质地的要求颇高。优质的羊毛、开司米、纯棉及其他优质的纺织品面料，使其设计于简洁的结构之中体现出独特的美国品味。卡尔万品牌的礼服较为少见且多采用略带闪光的半透明面料，适宜于小巧玲珑的女性穿着。更多的是那种可以从早穿到晚，包括挤车、上下班、家居等等场合都可以适用的服装。

“一切从裁剪开始”，克莱因是一位极其讲求剪裁的设计师，以朴素大方的款式结构见长，带有一贯的悠闲舒服。他那带有浓郁时尚感觉的简单舒适的都市服装正实现了普通百姓对宁静生活的向往。如适用于秋冬的西风纱(雪纺)衣裙外配手感轻软且具银丝外观的安哥拉羊毛外衣。事实上，卡尔万·克莱因的设计体现了“简洁”的美学观念，优雅轻松，做工考究，突发奇想，大胆创新，表达了当时的时尚文化。这不禁令人回想起本世纪初的法国设计师维奥妮(Vionnet)。

卡尔万·克莱因品牌的男装亦极其成功。多选用含有最先进技术生产的超轻合成纤维的织物，柔顺轻质的手感巧妙地打破了男装硬挺拘谨的传统。款式方面也常推出革新之举，如将茄克衫加长，腰部略收紧，拆去裤子宽大的折裥以求与常规体形相协调，既留有英式男装的绅士风度，又绝对时髦。

在美国时装广告传播领域，卡尔万·克莱因一直位于领导先锋的位置。克莱因品牌每每有新东西问世就会以创意新奇的广告宣传方式引起大众消费者和传媒的广泛关注。评论界曾以“性感”来形容克莱因的广告风格。从20世纪80年代身穿紧身牛仔的模特谢尔德 (Shields)的“卡尔万·克莱因最适合我”到90年代身穿卡尔万·克莱因牛仔广告衫的雄性十足的NBA明星，克莱因的牛仔裤大行其道。男性环拥中身穿内衣的凯特·莫斯(Kate Moss)让克莱因内衣闻名于世。而一群朋克味的男女的黑白画面，让青年人为CK的男女合用香水而痴狂。

在年青人眼中设计师卡尔万·克莱因是一位传奇式的美国时尚英雄，同时他也是一个颇受争议有褒有贬的人物。他的财富与名誉甚至生活方式、公司20世纪80年代临于破产而90年代克莱因品牌再如日中天等，都成为外界的关注之焦点。但不可否认，卡尔万·克莱因是一位时尚市场与广告界的天才人物，甚至可以称其为改变现代美国时装的人物，英国版《Vogue》誉他为“创造整治和秩序的王子”，这些无一不使卡尔万·克莱因的品牌趋归佳境。

2002年，设计师卡尔万·克莱因将公司出售予PVH集团后，他本人就退居幕后，女装设计大权也因而转移至现任设计师弗朗西斯科·科斯塔身上。在他的操刀下，清新简约与自在从容的气质，与经典永恒的单品互相搭配，展现一种低调、典雅却也十分现代摩登的风貌。

里兹 · 克莱本 (Liz Claiborne)

品 牌 档 案

1. 类 型：成衣
2. 创始人：里兹 · 克莱本 (Liz Claiborne)
   阿特 · 奥腾博格 (Art Ortenberg)
3. 注册地：美国纽约 (1976 年)
4. 设计师：里兹 · 克莱本
   1929 年出生于比利时布鲁塞尔，1939 年随父母移居美国新奥尔良地区
   1947 年一 1948 年在比利时的艺术学院学习
   1950 年任蒂纳 · 莱塞 (Tina Lesser) 公司的制版师及模特儿
   1960 年一 1976 年在纽约第七大街本 · 赖格 (Ben Reig) 公司任奥马尔 · 基亚姆 (Omar Kiam) 的助理、乔纳森 · 洛根 (Jonathen Logan) 公司设计师
   1976 年创建里兹 · 莱本公司
5. 品牌线：①里兹 · 克莱本 (Liz Claiborne)：时装
   ②里兹服饰 (Lizwear)：便服
   ③里兹童装 (Lizkids)：少年服及童装
   ④佩蒂特 (Petite)：针织装
   ⑤克莱本 (Claiborne)：男装
6. 品 类：1976 年推出里兹 · 克莱本成衣
   1981 年推出佩蒂特运动装
   1983 年开发鞋类产品，1985 年开发配件类产品
   1985 年推出里兹服饰牛仔服，同年推出克莱本休闲男装
   1986 年推出香水系列，1987 年至 1988 年增加了家具品类
   1988 年推出伊丽莎白大规格服装
   1996 年和 Sirena Apparel Group 公司推出泳装系列
   2000 年童装线，此外还有少女装等
7. 目标消费群：①里兹 · 克莱本及里兹服饰针对中等收入消费层、职业女性尤其是刚参加工作的年青人
   ②佩蒂特针对运动爱好者
   ③克莱本针对中等收入男性消费者
8. 营销策略：多品牌经营和零售网点
9. 销售地：在美国有超过 5900 家商店经营销售，并开拓了欧洲等市场
10. 地 址：美国纽约 10018，百老汇大街 1441 号
    (1441 Broadway，New York 10018，USA)
11. 奖 项：①华盛顿特区哈奇特年轻设计师奖 1973 年
    ②女企业家奖 1980 年
    ③美国时装设计师协会奖 1985 年
12. 网站：www.lizclaiborne.com

风 格 综 述

里兹·克莱本品牌是成功的美国时装的典范，仅在1991年，其销售额就达20亿美元，该品牌拥有者里兹·克莱本公司目前已成为美国时装界名列前位的大公司，下辖十九个分部，三类商品注册经营证。1991年《财富》杂志排列“美国最令人羡慕公司”，里兹·克莱本公司位列第四。

与同时代那些为农民或者“朋克”设计的设计师不同，里兹·克莱本专为职业女性设计富有创意的款式。1976年，里兹·克莱本敏锐地意识到正在日益扩大的职业妇女消费群，而当时没有其他公司正视这一点。她马上意识到她能填补这个空白。本身就是职业女性的里兹·克莱本在设计职业女装上有更多的优势，在她的思维里总是思考着自己的需要并能抓住职业妇女的本质特征。她的设计具有多种功能，能长期穿着不显过时，而不是那种反常怪诞款式。她的产品获得了极大的成功，一投入市场就告售罄。

里兹·克莱本最初的设计理念是为那些不必穿套装的职业妇女服务，如教师、医生、南加洲和佛罗里达的上班族以及时装界中的女性。事实上，那些不断追逐时髦的刚找到工作的青年人成了她最大的客户群，她创造了新的女性形象，“里兹”小组成了白领阶层妇女的代名词。里兹·克莱本因其杰出成就被《职业女性》杂志评为“装扮职业女性衣橱的奇才”及“改变世界的女性”。

里兹·克莱本品牌在短时间里取得如此惊人的成绩，应归功于其出色的产品经营策略。长期以来，公司坚持两个不同侧重点的品牌线，一为活泼动感的运动装，另一为文静的日常服装。针对明确的目标消费群，不断开发新产品，扩大经营范围，如鞋、提包、头巾、皮带等饰件。1985年首次推出男装，为避免女性感之嫌，在男用品的品牌定名时去掉了“里兹”而只称“克莱本”。

里兹·克莱本品牌组中没有晚装和正规服装，服装价格也坚持能为大众接受。其产品销售目前已占美国运动休闲装的三分之一多，仅在美国就有约500个零售店。

里兹·克莱本服装诠释了一种新的理想主义的女性形象，那就是不管处于何种年龄，她都是积极向上的、活跃的，这就是里兹·克莱本服装所传递的感情的精华所在。

马球 (Polo by Ralph Lauren)

品 牌 档 案

1. 类 型：高级成衣
2. 创始人：拉尔夫 · 劳伦 (Ralph Lauren)
3. 注册地：美国纽约 (1968 年)
4. 设计师：拉尔夫 · 劳伦 (Ralph Lauren)
   1939 年出生于纽约布鲁克斯，50 年代在纽约城市学院学习商业科学
   1956 年一 1957 年在纽约亚历山大商店做业余售货员
   1958 年一 1961 年纽约联合商店任男装助理采购
   1962 年一 1964 年服兵役，1964 年一 1966 年于波士顿利物兹领带制造商任销售
   1967 年纽约布鲁梅尔公司领带部任设计师
   1968 年成立“马球”时装公司
5. 品牌线：①马球 (Polo by Ralph Lauren)：男装
   ②拉尔夫 · 劳伦 (Ralph Lauren)：女装
   ③双写 RL(Double RL)：非正式服装
   ④经典拉尔夫 · 劳伦 (Ralph Lauren Classics)：较便宜的上班服及休闲装
   ⑤拉尔夫 (RALPH)：1999 年推出男装
6. 品 类：1968 年，设计领带系列，之后是男装系列
   1971 年推出女装系列
   1979 年推出皮革制品
   1982 年推出箱包产品
   1993 年推出新品牌“Double RL”，同年推出体育用品系列
   1996 年 Polo 牛仔推出 Comtemporary Cashwear 品牌线
   1998 年推出 Polo Sport RLX 运动系列
   1978 年起陆续推出香水系列
7. 目标消费群：中产阶级、社会名流
8. 营销策略：①多品牌经营方法以扩大经营范围
   ②专卖店，展示会，专门设计
9. 销售地：1968 年进入美国市场，198 6年进入巴黎市场，目前在中国等世界广大地区销售
10. 地 址：美国纽约 10022，曼迪逊街 650 号
    (650 Madison Avenue，New York 10022，USA)
11. 奖 项：①科蒂美国时装评论奖 1970 年、1973 年、1974 年、1976 年、1977 年、1984 年
    ②奈门一马科斯奖 1971 年
    ③美国时装设计师协会奖 1981 年
    ④美国时装设计师协会终身成就奖 1991 年
    ⑤全羊毛标志奖 1992 年
    ⑥美国时装设计师协会年度最佳女装设计师奖 1995 年、2002 年
    ⑦美国时装设计师协会年度最佳男装设计师奖 1996 年
    ⑧《VOGUE》杂志终身成就奖 2002 年
12. 网 站：www.polo.com

风格综述

当“马球”出现在巴黎时装周的舞台上时，与其说是巴黎的高雅和艺术向美国的简单和实用妥协，不如说是“马球”品牌征服了世界。它成长于美国历史的沃土上，自诞生之日起就超越了服饰形象的概念，成了一种美国东部生活方式的象征。像卡尔万·克莱因等品牌一样，“马球”品牌在世界上享有崇高的声誉。

“马球”最初的产品是领带，特别宽的式样使它与众不同，并在较短时间里得到流行，代表着“常青藤俱乐部”的审美观。接着开发的男装系列，融有欧洲古典式样，体现了美国东部城镇绅士和老派乡绅们欧洲式的优雅大方，获得极大成功，受到像温莎公爵、凯利·格兰特及弗雷德·阿斯泰尔等社会名流青睐。宽领带和线条简洁的衬衫带有斯科特·弗兹拉尔德(F·Scott Fitzgerald)的印记。在电影《伟大的阔佬》里，“马球”男装尽领风骚。

“马球”品牌系列里的拉尔夫·劳伦女装是高品味、永恒及雍雅的代名词。高品质的花呢面料、定制裤子和茄克及全棉高支衬衫，表现了20世纪70年代活跃女性的安妮·霍尔(Annie Hall)风貌，虽然这些款式与原来的安妮·霍尔相比有一些小的变化，但仍具有完美质量保证及高度风格化。

“马球”品牌组的服装特征之一是布面毛糙，这一类型受美国历史传统影响：花呢或平布长裙子，配上手工编织色彩丰富的套衫，苏格兰格子呢围巾，软毡帽或者是磨毛棉质裙配短茄克式风衣，这种搭配的效果非常时髦现代，是真正的美国风格。大领子饰以花边皱褶及宝石胸针等再现了爱德华和维多利亚时期的浪漫情怀，那些定制的花呢茄克留下了传统英国骑马装的影子。

1981年，“马球”牌系列化妆品推出，取名为“白天”、“夜晚”、“活跃”。这三个名词概括体现了设计师拉尔夫·劳伦对于时装的贡献。

20世纪90年代，“马球”继续保持与时代生活相和谐。新的品牌“Double RL”系列，外观上有着葡萄收获季节的热烈。随着妇女“合体”意识越来越强，“Double RL”推出非正式装系列，款式宽松而合体，具有强烈的时尚感。

设计师拉尔夫·劳伦有着丰富的时装设计经验和技术，广泛地为男士、妇女、儿童及他们的家庭设计。对于拉尔夫·劳伦来说，款式高度风格化是时装的必要基础，时装不应仅只穿一个季节，而应是无时间限制的永恒。“马球”品牌系列时装，源自美国历史传统，却又贴近生活。它意味着一种高品质的生活，为拉尔夫·劳伦赢得了美国时装设计师协会的生活时代成就奖。

唐娜 · 卡兰 (Donna Karan)

品 牌 档 案

1. 类 型：高级时装、高级成衣
2. 创始人：唐娜 · 卡兰 (Donna Karan)
   斯蒂芬 · 韦斯 (Stephen Weiss)
3. 注册地：美国纽约 (1985 年)
4. 设计师：唐娜 · 卡兰 (Donna Karan)
   1948 年出生于美国纽约，曾就读于纽约帕森设计学院
   1967 年— 1968 年任安妮 · 克莱因 (Ann Klein) 公司助理设计师
   1968 年— 1971 年任安妮 · 克莱因公司设计师
   1974 年— 1984 年任安妮 · 克莱因公司设计及设计指导
   1985 年创立唐娜 · 卡兰公司并任设计师
5. 品牌线：①唐娜 · 卡兰 (Donna Karan)：高级时装
   ②唐娜 · 卡兰 · 纽约 (DKNY)：成衣类 (二线品牌)
   ③唐娜 · 卡兰 · 纽约 童装 (DKNY Kid)：童装
6. 品 类：1985 年推出高级时装
   1986 年增加泳装，1987 年推出袜类产品
   1988 年 DKNY 二线品牌问世，主要为运动休闲类服饰
   1991 年推出男装
   1992 年推出各类化妆品、香水等，1999 年推出手表系列和 DKNY 香水
   2000 年推出 DKNY 泳装、Donna Karan Home 家居用品
   此外有内衣、童装产品
7. 目标消费群：①唐娜 · 卡兰针对高收入女性
   ②唐娜 · 卡兰 · 纽约针对中等收入消费层
   ③唐娜 · 卡兰 · 纽约童装针对儿童
8. 营销策略：①多品牌经营，以不同的风格及价位满足不同类型消费者需求
   ②专卖店
9. 销售地：美国、欧洲和香港等国家和地区
   2001 年在麦迪逊大街开设一千平方米的 DKNY 专卖店
10. 地 址：美国纽约 10018，纽约 第七街550 号
    (550 Seventh Avenue，New York 10018，USA)
11. 奖 项：①科蒂美国时装评论奖 1977 年、1981 年、1984 年、1985 年
    ②纽约时装鞋业协会奖 1988 年
    ③美国时装设计师协会奖 1985 年、1986 年、1987 年
    ④美国时装设计师协会年度最佳女装设计师奖 1990 年、1996 年、2003 年
    ⑤美国时装设计师协会年度最佳男装设计师奖 1992 年
    ⑥全羊毛标志奖 1992 年
    ⑦美国时装设计师协会终身成就奖 2004 年
12. 网 站：www.donnakaran.com

风格综述

正如唐娜·卡兰的二线品牌名唐娜·卡兰·纽约所示，唐娜·卡兰品牌植根于纽约特有的生活模式，服装设计灵感源于纽约特有的朝气活力，特有的都市气息和特有的现代节奏。其设计宗旨是“服装必须满足人们的某种需要，使生活更简易，增加一些舒适、豪华及持久性。”它的服务对象是纽约这所城市所吸引的来自世界各地但终于融入这座名城的纽约人，并扩展到对纽约生活方式的向往者。

唐娜·卡兰品牌组反映出设计师唐娜·卡兰的服饰原则：服装应具有可搭配替换性，应有从早到晚、从夏到冬的广泛适应性。她的服装是多文化的衣装语言表达，集舒适、方便及功能性为一体。其中基本而典型的款式有紧身套衫，黑色开司米及弹性织物的妙用，性感的缠绕式设计等等，所有这些都忠诚于艺术的品味。

唐娜·卡兰品牌组的创始人及设计师唐娜·卡兰是道地的纽约人，在著名的安妮·克莱因公司工作达十多年，1974年以后更是安妮·克莱因公司的顶梁柱。1982年她主持的Anne Klein II 品牌是最初推出的二线品牌之一。1985年自组唐娜·卡兰公司，在设计师唐娜·卡兰看来，设计即是将她在生活中所担当的各种角色如妻子、母亲、朋友、商人等平衡统一并个性地加以表达。时装首先是一种需求的满足，将其简便化，使其更加舒适、漂亮、实用，从而简化、美化日常生活。她经常自问：“我需要什么?怎样能使生活更简单些?”以及“怎样使服装更简单些，更多地进行自己个人的生活！”。

唐娜·卡兰品牌组是创意的艺术性与灵敏的市场反应完美结合。唐娜·卡兰品牌属高级时装，价格很贵。为了顺应时代潮流，唐娜创立了自己的二线品牌DKNY。DKNY满足大众的需要，专为生活、工作、娱乐之中的人们生产设计，对服饰的色彩、款式结构比例等都有独到之处，尤为青年人所关爱。DKNY如今已是最成功也最有影响的名牌之一，其名声从某种角度看还在唐娜·卡兰之上。

在某种程度上，唐娜·卡兰可谓是当代美国的夏奈尔，尽管已经归属法国的LVMH集团，但唐娜·卡兰品牌组依然领导和指导着今日美国女性的衣着，并极力为所有崇尚美的现代时尚女性服务。

柏帛丽 (Burberry)

品 牌 档 案

1. 类 型：高级成衣
2. 创始人：托马斯 · 柏帛丽 (Thomas Burberry)
3. 注册地：英国贝辛斯托克 (1856 年)
4. 设计师：① 1856 年— 1926 年，托马斯 · 柏帛丽
   1835 年出生，185 6年创建柏帛丽公司，专门制作风雨衣
   ② 1926 年后为设计师群
   ③ 1998 年— 2001 年，罗伯特 · 梅里切特 (Roberto Menichetti)
   ④ 2001 年以后，克利斯托夫 · 贝利 (Christopher Bailey)
5. 品牌线：①柏帛丽 (Burberry)：服装
   ②普朗休 · 豪斯 (Prorsum Horse)：饰品及其他
6. 品 类：1856 年推出轧别丁风雨衣
   1910 年推出女装系列
   1981 年增加了化妆品系列
   20 世纪 90 年代推出缝制设备、精细饰品、男装、童装、行包、手表等
7. 目标消费群：①皇室及传统英国绅士
   ②崇尚传统的年轻一代
8. 营销策略：①专门设计
   ②专卖店
   ③广告
9. 销售地：① 1856 年英国贝辛斯托克
   ② 1891 年伦敦商店开设
   ③ 1910 年巴黎分店开设
   ④ 1978 年纽约分店成立
   ⑤ 2001 纽约店扩大重新亮相
   如今在包括中国在内的多个国家均有销售
10. 地 址：英国伦敦 SWIY 4DQ，哈迈启特街 18 — 22 号
    (18 — 22Haymarket，London SWIY 4DQ，England)
11. 奖项：美国时装设计师委员会埃莉诺 · 兰伯特奖 2003 年
12. 博物馆展览：布鲁顿美术陈列馆 1912 年
    伦敦维多利亚阿伯特博物馆 1989 年
13. 网 站：www.burberry.com

风格综述

著名杂志《男装》很好地概括了柏帛丽服装的性能特征："柏帛丽服装最能承受冷风、热风、雨、风暴，在寒冷气候下能形成良好的服装人体环境。"

以英伦风格著称的柏帛丽是英国老资历的服装品牌。1835年托马斯·柏帛丽设计了一种防水大衣，把它称为"轧别丁"，因为爱德华七世的习惯性命令"给我柏帛丽"而得名"柏帛丽"。

早期的猎装和钓鱼装必须要有理想的防风雨效果，能承受相当大的风雨，同时又要有良好的透气性。柏帛丽服装满足了这一要求，提供优异的服用性能。1912年，人类第一个到达南极的罗尔德·阿姆德森(Roald Amundsen)写道："非常衷心地感谢柏帛丽。在去南极途中，柏帛丽风雨大衣帮了我极大的忙，事实上它已成了我的好朋友。"另一位斯科特上尉，在去地球最南端的旅程中，用柏帛丽轧别丁制成帐篷，这个帐蓬后来在布鲁顿艺术画廊展出。

汽车发明后，柏帛丽马上推出驾驶穿着的男装、女装，不管是敞篷汽车还是封闭汽车，柏帛丽都能调整自己使与之相适应，满足不同人的口味和风格。

实际上，满足顾客对"品味和风格的要求"正是柏帛丽设计的源动力。传统的"柏帛丽格子"以及"新豪斯格"受到英国商标管理局的登记保护，目前已广泛应用在柏帛丽设计上，成为其经久不衰的品质象征。以普朗休·豪斯为商标的系列配件、箱包、化妆品以及在瑞士制造的手表也都是典型的柏帛丽风格特征。

20世纪80年代，在英国及国外，传统消费者和年轻人对于卓越的柏帛丽服装需求旺盛。90年代，在大不列颠，从乡村家庭购买的该品牌的物品和裁缝设备，到柏帛丽的精细饰品在国际市场上的良好销售，都证明了柏帛丽品牌的影响力。

柏帛丽通过优秀广告媒体如商业杂志《男装》来推广品牌和产品。如今，柏帛丽这个典型传统英国风格品牌已在世界上家喻户晓。它就像一个穿着盔甲的武士一样，保护着大不列颠联合王国的服装文化。

保罗 · 史密斯 (Paul Smith)

品 牌 档 案

1. 类 型：高级成衣
2. 创始人：保罗 · 史密斯 (Paul Smith)
3. 注册地：英国诺丁汉 (1970 年)
4. 设计师：保罗 · 史密斯
   1946 年出生于英国，就读于必斯通 · 弗尔德语法学校
   1970 年在诺丁汉开设第一家商店
5. 品牌线：①保罗 · 史密斯 (Paul Smith)
   ②保罗 · 史密斯女装 (Paul Smith Women)
   ③保罗 · 史密斯牛仔 (Paul Smith Jeans)
   ④保罗 · 史密斯伦敦 (Paul Smith London)
   ⑤ R. Newbold (仅针对日本)
6. 品 类：20 世纪 70 年代为古典式男装系列
   20 世纪 80 年代转向时装
   1993 年推出女装系列
   现拥有 12 个品类，包括服装、佩饰、香水、手表、笔、家居用品等
7. 目标消费群：① 80 年代的雅皮士及时尚的崇拜者
   ②崇尚传统的消费群
8. 营销策略：①专卖店
   ②针对雅皮士的特色设计
9. 销售地：① 1970 年诺丁汉商店开设
   ② 1979 年伦敦商店开设
   ③ 1987 年纽约商店开设
   ④ 1991 年东京商店开立
   ⑤ 1998 年开设伦敦旗舰店
   ⑥ 2001 年在世界上 40 多个国家开设 13 个国际店
10. 地 址：英国诺丁汉 NG21DP，河边道，河边大厦
    (Riverside Building，Riverside Way，Nottingham NG21DP，England)
11. 奖 项：①英国工业设计奖 1991 年
    ②被提名为设计师协会名誉会员 1991 年
    ③被任命为英国皇家时装工业部门长官 1994 年
12. 网 址：www.paulsmith.co.uk

风格综述

保罗·史密斯品牌的服装被认为是古典主义的代表。它的男装系列被称为“以古典为主线忽左忽右”，但那些非古典的因素并未影响英国保守传统式的男装。设计师保罗·史密斯被称作又一个拉尔夫·劳伦。

史密斯的早期设计属古典风格。茄克衫是传统款式的，但他把袖笼开得低一点，使它更方便于穿着，同时，巧妙地修改了裤型。衣料采用花呢等毛织物及棉织物；设计是英国传统的风格又带有点怪异，既能被保守的城市人亦能被20世纪80年代的雅皮士(Yuppie)接受。对于这些人来说，保罗·史密斯牌西服是他们形象的一个重要标志。设计师史密斯发现顾客对于增加一条花领带或彩色羊毛套衫并不是那么紧张敏感了，印花或绣花马甲、彩色吊带裤、短袜也巧妙地进入了他的男装系列。史密斯品牌服装越来越多地进入了男士的衣橱。

自20世纪80年代早期开始，保罗·史密斯品牌风格开始逐渐偏离古典式，因为每当其设计开始取得成功，在英国及国外，就有许多人跟在他脚后跟复制。为了避免这种尴尬处境，保罗·史密斯开始向时装方向转变，尽管这使得品牌形象变得模糊不清。现在，史密斯服装已经高度时装化。在日本市场，保罗·史密斯品牌与意大利的罗密欧·吉利、法国的让·保罗·戈尔捷等比邻销售，由此可见，保罗·史密斯品牌目前的定位，以时尚为导向。以低于其核心系列的价格推出运动服装系列和牛仔系列，开拓了年轻人的市场。

设计师史密斯在时装设计上没有受过正式的培训，但是他有良好的意识感觉和丰富的想象力。1970年在诺丁汉开了一家时装店，开始了他的时装生涯。因为找不到他想要的服装，他就自己设计衬衫、茄克等，并在当地工场加工。商店是他的设计思路的完整体现，形成了史密斯时装设计的一种背景说明。他的商店是第一家除了卖衣服外，还销售表、笔、现代雕塑、烛台、镜子、眼镜等生活用品的店家，20世纪80年代以来，这种销售方式被其他商店竞相模仿。如今，保罗·史密斯是和乔治·阿玛尼比肩的顶级男装品牌，其产品和广告也与众不同，总能让人一眼辨认出那就是保罗·史密斯。

维维恩 · 韦斯特伍特 (Vivienne Westwood)

品 牌 档 案

1. 类 型：高级时装、成衣
2. 创始人：维维恩 · 韦斯特伍特 (Vivienne Westwood)
   马尔科姆 · 麦克拉伦 (MalcolmMclaren)
3. 注册地：英国伦敦 (1982 年)
4. 设计师：维维恩 · 韦斯特伍特
   1941 年出生于英国，就读于哈罗艺术学校，并受训练成为一名教师
   1971 年前从教
   1971 年与麦克拉伦一起开设专卖店
   1982 年起以自己名字命名服装
   1989 年一 1991 年受聘为维也纳实用艺术学院，任时装设计教授
5. 品牌线：维维恩 · 韦斯特伍特 (Vivienne Westwood)
6. 品 类：① 1982 年起，以设计师的名字命名服装系列
   ② 1990 年推出男装系列
   ③ 1997 年推出牛仔系列
   现主要有男、女时装
7. 目标消费群：思想开放，受传统束缚少的年轻一代
8. 营销策略：①专门设计
   ②专卖店
9. 销售地：① 1970 年在伦敦开设多家专卖店
   ② 1996 年在东京开店
   ③ 1999 年在纽约 SOHO 区开设第一个旗舰店
10. 地 址：英国伦敦 SWI13AD，培特西，布利杰道 · 灯塔老校舍第 3 单元
    (Unit 3，Old School House，The Lanterns，Bridge Lane，Battersea，London SWI13AD，England)
11. 奖 项：①不列颠设计师年奖 1990 年、1991 年
    ②英国皇家勋章 1992 年
12. 网 址：www.viviennewestwood.com

风格综述

2004年伦敦“维多利亚阿伯特”博物馆(V&A)为入行已有34个年头的韦斯特伍特举办了为期3个月的大型回顾展。2005年韦斯特伍特回顾展来到上海，使我们有幸感受了这位“朋克之母”的真正魅力。

评论界对韦斯特伍特服装颇有争议，有人认为它是邪恶的，不切实际的，无法穿着的；也有人认为它是光辉灿烂全新概念的，有着不可估量的影响力。但不管怎样，韦斯特伍特毫无疑问是20世纪后期最重要的设计师之一。对设计师韦斯特伍特个性风格的理解，无疑是对品牌韦斯特伍特的最好评价。

如果把1982年首次出现以维维恩・韦斯特伍特命名的服装系列作为该品牌诞生的洗礼，那么20世纪70年代韦斯特伍特的所作所为则是孕育此品牌的妊娠反应。作为设计师，韦斯特伍特是历史上与“朋克”连系最紧密的时装界人士。尽管她的这种影响远远超出那个时代，但了解她与朋克的关系对于理解她的时装风格却是非常重要的。在其他设计师还没意识到 “朋克”的毁灭性力量之前，韦斯特伍特就抓住了它的反潮流本质，70年代，韦斯特伍特在伦敦开设专卖店，专为“朋克”设计制作服装，其店名也顺应“朋克”浪潮几经更迭：“摇滚吧”(1970年)、“日子太快无法活，年纪太轻死不了”(1972年)、“性感”(1974年)、“叛乱分子”(1977年)和 “世纪末日”(1980年)，经营上取得了相当成功。

20世纪70年代初，韦斯特伍特的设计重点放在20世纪50年代“特迪青年风貌”的复现上。1972年，商店跟着骑车者皮革茄克上的口号改名，它也预示着新的野蛮主题将很快在街头时装或高级时装中扩散开来。1976年的“奴役”系列尤其重要。主要用黑色皮革或橡皮，装饰有扣环、皮带、链条、拉链等，这些在街头上炫耀的性感的服装，表面上看起来相当拘束，但当穿着时，你会感到非常自由自在。

韦斯特伍特坚持“性感就是时髦”。故意撕裂的服装，灵感来自于老式电影，那些电影明星穿着撕破的衣服看起来十分的性感。另外，她还把内衣当外衣穿，把文胸穿在外衣外面。1980年，商店改名为“世纪末日”。

1981年，“海盗”系列诞生，预示着一场“新罗曼蒂克”的运动。

1982年推出“野人系列”，韦斯特伍特又把注意力转向了原始部落，名字故意取得富有进攻性，服装宽大，面料粗糙，缝边开敞。接下来的系列，如野牛系列、流浪汉系列、女巫系列延续韦斯特伍特的风格，模特儿身上穿着泥土色的故意撕破的服装，头上扎一束碎破布，文胸穿在衣服外，1985年推出“迷你一克力尼(Mini一Crini)”系列，一种箍起来的短裙，灵感来自于维多利亚粗布。从来没有一件时装比它更性感，尤其是那种宽大的维多利亚式款式。

韦斯特伍特还恢复了对束腰带的使用，她说“这是非常女性化的”，她的束腹带和粗布重新引起了人们对于时装的争论。

进入20世纪80年代末90年代初，韦斯特伍特设计继续逾越界限，但随着年龄增加，设计中的侵略性有所收敛。

韦斯特伍特的设计独特怪异，引人争议，正因为此，韦斯特伍特品牌赢得众多不安份(有些是掩藏在内心)人士的欢心，在时装界独树一帜。

雅格斯丹 (Aquascutum)

品 牌 档 案

1. 类 型：高级成衣
2. 创始人：约翰 · 爱默里 (John Emary)
3. 注册地：英国伦敦 (1851 年)
4. 设计师：①设计师群
   ② 2001 年莱恩 · 格莱特 (Lan Garlant) 和密歇尔 · 赫兹 (Micheal Hertz)
5. 品牌线：雅格斯丹 (Aquascutum)
6. 品 类：①最早仅有男式羊毛风雨衣
   ② 1851 年起出品外套
   ③ 1909 年起增加了女装类
   ④ 1951 年增加了男式套装
   ⑤ 1986 年起有了各种档次的女装
   此外还有各种女式饰品，如包、伞、帽、围巾、小件皮制品等
7. 目标消费群：英国皇室成员、贵族以及上流社会的绅士、淑女等
8. 营销策略：①商家订单
   ②为皇室专门设计
   ③专卖店
9. 销售地：① 1851 年公司于伦敦成立
   ② 1948 年进入美国市场
   ③ 1949 年进入加拿大市场
   ④ 1950 年进入曼彻斯特市场
   在中国香港、北京、上海等城市有售
10. 地 址：英国伦敦，锐禁街 100 号
    (100 Regent St . London WIAZAQ，England)
11. 奖 项：①奥斯卡服装奖 1958 年
    ②优异出口成绩皇后奖 1966 年、1967 年、197 1年、1979 年、1990 年
    ③英国针织品和服装出口协会优异出口奖 1986 年
    ④英国皇室奖 1987 年
12. 网 站：www.aquascutum.co.uk

风格综述

在现代人看来，雅格斯丹品牌是英国传统服装风格的代名词。而在一百五十多年前，它还只意味着伦敦锐禁街上一家小店用天然纤维防雨织物手工缝制的外套。“Aquascutum”一词来源于拉丁文，确切的意思为“防水”，和很多原本为强调功能性的衣鞋类相似，用“防水”织物精心制作成外套，在英国这种恶劣的气候下，是一种理想的保护服。

事实上雅格斯丹雨衣或披巾在款式上亦非常时髦，即使在晴朗的天气里，英国人也常穿着，就像原来的柏帛丽茄克演变成的猎装、射击装、钓鱼装，木材场主和马丁医生式的长统靴也已演化成了工作用鞋。过去只在荒野中穿的衣装如今却穿在城市套装的外面，添加了更多的时尚成分。

皇室顾客对于任何一个英国品牌来说都是相当重要的客户。雅格斯丹幸运地得到爱德华七世及威尔士王子的青睐，他们订购由这种神奇防水布制成的大衣和披风。在1897年，公司赢得了它的第一个皇室奖，此后，它至少五次获得皇家的特许证而为皇族服务。

在起初五十年里，雅格斯丹只生产高级男装，1909年，受运动女装普及的影响，公司推出了第一个系列的女装。曾几何时，“绅士和穿着花呢服装的太太”已经成了英国文化及不列颠国际时装形象的一个标志，而雅格斯丹品牌对此无疑作出很大贡献。

非常有趣的是，当设计师凯瑟琳(Katherine Hamnett)在1989年第一次在巴黎展示她的作品时，《费加罗报》评论说：“英国现在除了开司米套衫及雨衣外，亦能设计生产时装了。”从这一点来看，当一个外国人提及英国款式时，通常情况下指的是那种完美的英国风格的品牌如雅格斯丹或柏帛丽，而不是现阶段的设计师。雅格斯丹品牌代表着整个不列颠的传统形象。

雅格斯丹品牌因其服装而被世人认知。然而雅格斯丹公司在面料方面所取得成绩更显著，面料新颖成了雅格斯丹品牌服装的一大优势。20世纪50年代是雅格斯丹着重面料发展的一个重要时期，1955年，它将一种具有闪色效果棉轧别丁用于男女雨衣上。三年后，由防水羊毛和马海毛织物制成的黑色夜礼服，获得了奥斯卡服装奖。1959年，雅格斯丹开发和使用了一种在干洗后无需再防水整理的防雨织物，它在世界范围内需求旺盛。如今，它又致力于开发微细和超细纤维用于男女装系列。

今天，雅格斯丹品牌范围已延伸至男女服装及饰品系列，且价格不菲。1986年后，它已全方位地推出女装系列。饰品方面包括手提包、旅行包、伞、帽、围巾、小件皮制品等。2001年，莱恩·格莱特和密歇尔·赫兹开始负责雅格斯丹的设计，而由防恶劣气候起始的雅格斯丹目前仍是国际知名品牌之一。

耶格 (Jaeger)

品 牌 档 案

1. 类 型：高级成衣
2. 创始人：刘易斯 · 托马林 (Leuis Tomalin)
3. 注册地：英国伦敦 (1884 年)
4. 设计师：① 1956 年一 1963 年，琼 · 缪尔 (Jean Muir)
   ② 1963 年后，设计师群，其中有谢里登 · 巴尼特 (Sheridan Barnett)、阿利斯泰尔 · 布莱尔 (Alistair Blair) 等
   ③ 1996 年起，詹尼特 · 透德 (Jeanette Todd)
   ④ 2001 年起，贝拉 · 费雷德 (Bella Freud)
5. 品牌线：耶格 (Jaeger)
6. 品 类：① 1884 年推出保健内衣，其后不断推出羊毛衫、裙装、裤装、头巾等
   ② 20 世纪初推出各类外套、裙子、套装等
   ③ 1996 年推出运动品牌线
   如今生产品类从高档面料到各类成衣服装等
7. 目标消费群：中高收入男、女消费群
8. 营销策略：①质量一流、信誉良好、经久耐穿的服装深得人心
   ②出口订单、零售
   ③广告宣传
9. 销售地：以英国市场为主，1949 年前曾进入上海市场，1997 年在伦敦开设新的专卖店，目前在世界许多地区均有销售
10. 地 址：英国伦敦 W1，百老威克街 57 号
    (57 Broadwiok Street，London W1，England)
11. 网 址：www.jaeger.co.uk

风格综述

耶格是一家生产经销男女装的英国零售服装公司的注册品牌，其诞生应归功于一位一个多世纪前的德国人耶格·古斯塔尔(Dr. Gustar Jaeger)。百年前，正值“合理衣着”的理论在美国、欧洲等地广为传播，德国动物及生理学家耶格博士于1880年提出：只有动物纤维 (主要为羊毛)制成的服装才有利于人类的健康。这个理论被英国人刘易斯·托马林(Lewls Tomalin)翻译成英文，并在1884年10月伦敦国际保健展览会期间，由著名的《时代》刊发专稿介绍其理论。作为该理论的翻译者托马林获得了耶格博士的准许，在伦敦开设名为“耶格”的专卖店出售“保健羊毛”服装。

耶格的服装不仅选用高档优质的原料，如特殊精纺的平纹羊毛针织品、开司米、羊驼毛、驼马绒等，同时具有柔软舒适、便于行动的结构特点，其内衣及外套均适合于旅行之用。1898年的耶格广告为：“豪华可爱外衣”、“白天夜晚，保暖舒适，有益健康”。英国的探险队正是身穿耶格服装远行苏格兰、北极圈以及非洲等地。

早在一战以前，发展迅速的耶格扩大市场，在伦敦、爱丁堡等地成立新店，甚至在中国的上海，都有公司的销售代理处。到20世纪30年代，其产品范围已远远超过其最初的“保健服装”。在创始人之子H. F. 托马林的领导经营之下，由以功能性服装为主转为符合时尚潮流的时装类产品产销。耶格的衣装概念是人除了工作之外还需休闲，因此其服装也在粗花呢衫、两件套毛衫、风格化的大衣、外套的基础上添加了泳装、宽松裤装等，品类一应俱全。

从创建之始，耶格就对面料质量严格要求，坚持使用优质的原料。而服装的经久耐用是耶格品牌的一贯坚持，也正是这一点，使耶格公司在战后的英国出口市场上多年来享有良好声誉。

1956年英国设计师琼·缪尔主持耶格的设计。她的杰出的设计才能在这里得到发挥，而耶格的品牌形象也从最初的保健服装转向了时尚和优雅。

如今耶格是少量几个有全线纺织服装产品的公司之一，产品从面料到服装，样样皆有。服装品类包括各式时装、针织时装、泳装等。耶格品牌的男女时装，正带着其别致的麦杆纹标志，行销世界各地。

约翰 · 加里阿诺 (John Galliano)

品 牌 档 案

1. 类 型：高级时装、成衣
2. 创始人：约翰 · 加里阿诺 (John Galliano)
3. 注册地：英国伦敦 (1984 年)
4. 设计师：约翰 · 加里阿诺 (John Galliano)
   1960 年生于英国
   1980 年一 1984 年就读著名的英国伦敦圣 · 马丁艺术学院
   1984 年在伦敦开设自己的时装店
   1990 年进入巴黎时装界
   1995 年任法国高级女装公司吉旺希 (Givenechy) 设计师
   1996 年任法国高级女装公司迪奥 (Dior) 设计师
5. 品牌线：①约翰 · 加里阿诺 (John Galliano)：高级时装
   ②加里阿诺 · 热内斯 (Galliano Genes)：成衣
6. 品 类：① 1984 年，高级时装，后又有成衣以及牛仔休闲装等品类
   ② 2001 年推出手表系列
7. 目标消费群：①约翰，加里阿诺：崇尚前卫时尚的高收入女性
   ②加里阿诺 · 热内斯：中低收入年青女性
8. 营销策略：①以独到的个性设计吸引消费者
   ②专卖店
9. 销售地：在英国、法国、美国、日本及阿拉伯拥有 12 家专卖店
10. 地 址：法国巴黎 75011 罗居厄特路 2 号，克法尔，布朗恩弄
    (Passage du Cheval Blane，2 rue de la Roquette 75011 Paris，France)
11. 奖 项：①英国时装协会年度设计师奖 1987 年
    ②贝斯服装博物馆年度奖 1987 年
    ③美国时装设计师委员会年度最佳国际设计师奖 1997 年
12. 网 站：www.johngalliano.com

风格综述

当英国籍年轻设计师加里阿诺于1996年先主吉旺希又入迪奥担纲设计后，国际服装界给予其极大关注。其实，早在1984年，加里阿诺在伦敦就拥有自己的品牌“约翰·加里阿诺”。作为英国最能让人激动的设计师，加里阿诺有“时装魔术师”的美称。他的设计个性在加里阿诺品牌中得到淋漓尽致的表现。其作品常常碰到难以理解的情况，如那些挂于衣架的服装有着看似领结的领子，或者看似吊带领实际上却非常贴合肩部，诸如此类常引导时装潮流趋向，甚至经过滤后形成一连串的街头时髦，且经常被其他设计师效仿。

加里阿诺在裁剪方面的天才及对各种创作灵感的有效处理给约翰·加里阿诺品牌创立了崭新的时尚风貌和源自英国街头的前卫风格。加里阿诺的服装是传统与现代流行元素的结合，有着强烈的戏剧化魅力。博物馆中的各式古典服饰的有关结构、剪裁方式及面料运用的精华之处，使加里阿诺的毕业作品“法国大革命”系列受到关注并在布郎时装店橱窗中展出，这种历史的影响也突出反映于加里阿诺品牌风格之中。各种现代成衣技巧，顺面料纹的裁剪、斜裁处理以及非对称的底边效果等又使服装表达了广泛的时髦文化和量体裁衣意识。

毫不夸张的是，约翰·加里阿诺品牌的每一季推出作品，都会给时装界带来一次次的震撼，如用明亮的塑胶雨衣布制作的古典式的拿破仑式茄克衫；采用天鹅绒面料作斜裁处理的上衣，极其紧身合体，表现出耀眼的性感魅力；用羽毛装饰的绸缎胸衣配以皮制帽子，表现了“内衣外穿”新着装方式。

加里阿诺的次位产品线加里阿诺·热内斯品牌则走街头时装路线，以各式牛仔系列和莱卡系列为主，迎合比其主产品线更年青的现代都市中的青年消费群。以普通面料制作出新派时髦的服饰，在不失其一贯的前卫风格之下，强调经济实惠、舒适实用，让众多的“加里阿诺女孩”欢呼不已。

尽管如评论界所言，加里阿诺品牌不如其他欧洲设计师品牌占有较大的市场份额，但加里阿诺的风格堪称独此一家。基于裁剪的廓型把握，源于传统的创新思想，融合英国式的刻板和世纪末的浪漫，再加上戏剧化的壮观，每一款都是一个综合体：精致，又不拘泥于传统；前卫，但不失雍丽奢华；古雅，却是英式现代先锋。

三宅一生 (Issey Miyake)

品 牌 档 案

1. 类 型：高级时装、成衣
2. 创始人：三宅一生 (Issey Miyake)
3. 注册地：日本东京 (1970 年)
4. 设计师：①三宅一生 (Issey Miyake)
   1938 生于日本广岛
   1959 年一 1963 年就读于多摩艺术学院
   1965 年进入巴黎高级女装联合会设计学校学习
   1966 年一 1966 年在纪 · 拉罗什 (Guy Laroche) 公司任设计助理
   1968 年一 1969 年在吉旺希 (Givenchy) 公司任设计助理
   1966 年一 1970 年在纽约杰弗里 · 比尼 (Geoffrey Beene) 公司任设计师
   1970 年在东京成立了三宅一生设计室
   此后相继成立了三宅一生国际公司、饰品公司、欧洲公司、美国公司等，任董事长与设计师
   ② 1999 年起，渡边淳弥 (Naoki Takizawa)
5. 品牌线：①三宅一生 (Issey Miyake)
   ②三宅运动系列 (Issey Sport)
   ③花木世界 (Plantation)
   ④给我褶裥 (Pleats Please)
   ⑤一块布系列 (A–POC)
6. 品 类：1970 年推出女装
   1993 年推出香水“三宅之水”(L'Eau de Missey)
   1995 年推出香水“三宅一生男用香水”(L'Eau d'Issey Pour Homme)
7. 目标消费群：思想前卫重个性的消费群
8. 营销策略：①全新的服装形式，设计思想独特
   ②专卖店和展示会
9. 地 址：日本东京 151，涩谷，多摩町 1 — 23
   (1 — 23 Ohyamocho，Shibuyaku，Tokyo 151，Japan)
10. 奖 项：①日本时装编辑俱乐部奖 1974 年
    ②迈尼奇时装报大奖 1976 年、1984 年
    ③纽约普瑞特学院杰出设计奖 1979 年
    ④美国设计师委员会奖 1981 年、1983 年
    ⑤奈门一马科斯奖 1984 年
    ⑥“给我褶裥”网站 (www.PleatsPlease.com) 获美国时装设计师委员会特别奖——最具风格网站奖 2000 年
    共十余个奖项
11. 收 藏：其作品多次于博物馆展出并收藏
12. 网 站：www.isseymiyake.com

风格综述

“什么是服装?”这个问题对于大多数设计师来说根本不值得一问，然而却成为三宅一生品牌服装之根源所在。为解答这个疑问，三宅从自然界中去探求答案，从世界的各个角落中去找寻服装的功能、装饰与形式之美。

1968年，三宅一生在巴黎从社会变革中努力寻找时装生命力的源头。他找到了一种特殊生活方式功用的服装，并与完整的大块织物结合起来，形成了一种全新的衣着形式。借助服装科技的发展，三宅的服装是覆盖于人体的几何组成。这种立体主义的设计形式与时装界的前辈马德琳·维奥内(Madeleine Vionnet)斜裁法应用有着许多相通之处。其中较著名的作品“风之服”(Windcoat)使用了大量的布料，包缠起人体，衣服的外观会随压缩、弯曲、延伸等动作展现出千姿百态。

三宅一生的服装常会让人联想起人类的历史，但这些服装恰恰又是服装史上前所未有的，因为它们表现的是20世纪后半叶才出现的生活方式。三宅的服装没有一丝商业气息，有的全是充满梦幻色彩的创举。1976年他把一块方形针织物加上袖子，从而像变魔术一样地出现一件与比基尼配套的外衣。1982年他的藤制人体雕塑也极具讽刺意味。

1989/1990年秋冬推出的立体派褶裥系列更是为服装设计带来全新的观念。三宅一生的服装受人类学影响颇深，集质朴、基本、现代于一体，表现了人类发展史上某种程度的轮回性质而并非简单的直线型上升。很少能有设计师像他那样，每件作品都能给予人们深深的思索，并带有强烈的个人特色。从1968年起，他便赋予服装以自由的形式，在衣料使用范围的拓展上与设计的创举上进行大胆尝试，表现了强烈的情感。当然，艺术化的服装并非人人均会将其穿用到日常生活中，“给我褶裥”(Pleats Please)系列曾经在美国市场表现不佳也属情理之中。

1999年10月，三宅一生将品牌的设计工作交给其助手渡边淳弥（Naoki Takizawa），自己则专心于A-POC系列，为三宅一生品牌注入了丰富多元的新活力。渡边淳弥的设计理念，主要是以建筑的概念来表现女性的线条；极聪明的繁复混合方法，呈现出一种独树一帜的渡边风。1999年春夏发布会中，他以9位不同体型的日本女性来做衣服。他坚持自己的设计不是艺术，而是生活。2000年春夏，渡边淳弥开发出看似与日常衣服没有区别的防水材质，在服装秀上，模特儿走在倾盆大雨的伸展台上，雨珠像弹珠，不合逻辑地从模特儿的衣服间优雅地跳开，渡边淳弥想表达只是一种很简单但有力的感觉。

三宅一生的顾客不拘于年龄、文化、区域的限制，有东西方各层次的人们，这些人或许形体上不尽相同，但在神智思想上有着共通之处。三宅的服装极好地层示了他们超前的意识与创造性活力，因而倍受欢迎。毋需置疑，这个品牌的服装是本世纪后期最具幻想色彩的杰作，而品牌的创始人与设计师三宅一生也是一位前所未有的时装理想主义者。

山本耀司 (Yohji Yamamoto)

品 牌 档 案

1. 类 型：高级时装、成衣
2. 创始人：山本耀司 (Yohii Yamamoto)
3. 注册地：日本东京 (1972 年)
4. 设计师：山本耀司 (Yohji Yamamoto)
   1943 年出生于日本横浜，1966 年毕业于庆应大学法律系
   1966 年一 1968 年在日本东京文化服装学院学习时装设计
   1968 年获装苑奖，并得到去巴黎学习时装的奖学金
   1970 年从巴黎深造回国，一直活跃在以东京为主的时装设计界
   1972 年成立了自己品牌的成衣公司
   1976 年在东京举行了第一场个人发布会
   1988 年在东京成立山本耀司设计工作室
   1988 年在巴黎开设时装店
5. 品牌线：①山本耀司 (Yohji Yamamoto)：时装
   ②双 Y(Y&Y)：中价位男装
   ③ Y-3：运动休闲系列
6. 品 类：1972 年推出女装
   1984 年推出男装
   1996 年推出首个女士香水系列，同年推出女装系列
   1998 年推出第二个女士香水系列 Yohji Essential
   1999 年推出首个男士香水系列 Yohji Homme
   2002 年和 Adidas 合作推出 Y-3 运动系列
7. 目标消费群：中等以上收入阶层
8. 营销策略：①服装面料与款式极为新颖别致，且便于自由搭配组合，融东西方文化于一体
   ②以中价为策略
   ③专卖店、展示会
9. 销售地：1972 年在日本东京开店，1988 年在法国巴黎开店，1997 年在伦敦开店，1999 年在纽约 SoHo 区开设首个自助店，2004 年入驻上海外滩三号
10. 地 址：日本东京涩谷东 l-22-11，三星大厦 1 号
    (San Shin Building 1，1-22-11 Higashi Shibuya-ku，Tokyo，Japan)
11. 奖 项：①时装编辑俱乐部奖 1982 年
    ②迈尼奇大奖 1984 年
    ③美国时装设计师委员会年度最佳国际设计师奖 1998/1999 年
12. 网 址：www.yohjiyamamoto-usa.com

风格综述

该品牌的创立者与设计师山本耀司是20世纪80年代闯入巴黎时装舞台的先锋派人物之一。他与三宅一生、川久保玲一起，把西方式的建筑风设计与日本服饰传统结合起来，使服装不仅仅是躯体的覆盖物，而是成为着装者、身体与设计师精神意韵这三者交流的纽带。

20世纪60年代末，山本耀司从帮他母亲做衣服开始走上服装之路。1966年，在庆应大学念法律系的山本耀司毕业后，便去了日本东京文化服装学院学习时装设计。1968年，获装苑奖并得到去巴黎学习时装的奖学金。两年的学习深造并没有使山本设计观念与西方同化。 西方的着装观念往往是用紧身的衣裙来体现女性优美的曲线，山本则以和服为基础，借以层叠、悬垂、包缠等手段形成一种非固定结构的着装概念。

山本喜欢从传统日本服饰中汲取美的灵感，通过色彩与质材的丰富组合来传达时尚理念。西方多在人体模型上进行从上至下的立体裁剪，山本则是以二维的直线出发，形成一种非对称的外观造型，这种别致的意念是日本传统服饰文化中的精髓，因为这些不规则的形式一点也不矫揉造作，更显得自然流畅。山本耀司的服饰中，不对称的领型与下摆等屡见不鲜，而该品牌的服装穿在身上后也会跟随体态动作呈现出不同的风貌。

从来不把所谓的“流行”考虑在内的山本总是独树一帜，他大胆地发展日本传统服饰文化的精华，将其充满东方哲学性的设计风格与不断突破创新的裁剪技巧相融合，形成了一种反时尚风格。这种与西方主流背道而驰的新着装理念，不但在时装界站稳了脚跟，还反过来影响了西方的设计师。美的概念外延被扩展开来，质材肌理之美战胜了统治时装界多年的装饰之美。其中，山本把麻织物与粘胶面料运用得出神入化，形成了别具一格的沉稳与褶裥的效果。擅长于新面料的使用也是众多日本设计师共同的特点。

山本耀司品牌的服装以黑色居多，这也是沿袭了日本文化的风格。20世纪80年代时，山本也曾有过以海军蓝、紫色作为主色系的设计，但他很快就放弃了这个念头，因为色彩过多不利于他情感的表达。山本耀司的服装，尤其以男装见长，其Y&Y品牌线的男便装利于自由组合，并配以中价策略，赢得了极大的成功。2003年山本耀司和阿迪达斯合作的Y-3系列更是打开了“运动也奢侈”的信号，也是“在运动中加入时尚”这一新锐概念的先驱。

在山本耀司服装标牌上曾经出现这样的字句——“还有什么比穿戴得规规矩矩更让人厌烦的呢?”，那么，又有什么能比这更好的表达山本耀司的品牌精神呢?

像男孩一样 (Comme Des GarÇons)

品 牌 档 案

1. 类 型：高级时装、成衣
2. 创始人：川久保玲 (Rei Kawakubo)
3. 注册地：日本 (1969 年)
4. 设计师：川久保玲 (Rei Kawakubo)
   1942 年出生于日本东京
   1964 年毕业于东京庆应大学艺术专业
   1964 年— 1966 年就职于卡沙西，卡赛纺织品公司广告部
   1967 年— 1969 年为自由设计师
   1969 年创立“像男孩一样 (Comme Des GarÇons) ”公司，并任设计师
   1973 年成立康米时装公司，为日本妇女商店生产时装
5. 品牌线：①像男孩一样 (Comme Des GarÇons)：高级时装、高级成衣
   ②男人 (Homme)：男装
   ③像男孩一样 S.A.(Comme Des GarÇonsS.A.)：成衣 (二线品牌)
6. 品 类：1969 年推出女装时装
   1978 年男装问世
   1981 年推出针织服装
   1982 年推出成衣产品线
   1983 年家具产品问世
   1988 年出版杂志《Six》，意为第六感觉
   现有各类男女时装、成衣及家具用品等品类
7. 目标消费群：①像男孩一样 (Comme Des GarÇons)：高、中收入女性
   ②男人 (Homme)：高中收入男性
   ③像男孩一样 S. A.：普通消费者
8. 营销策略：①在产品的设计、推广方面均以统一的形象体现设计风格，包括其店铺设计、表演展示方式、各种目录宣传、广告等等
   ②采用专卖店、专门设计等方式
9. 销售地：1969 年自组公司于日本东京，1981 年首家巴黎店开业，1982 年“像男孩一样”(Comme Des GarÇons) 的成衣分部成立，1986 年纽约分公司成立
10. 地 址：日本东京 107 港区南青山 5-11-5，“像男孩一样”公司
    (Comme Des GarÇons，5-11-5 Minami Aoyama，Minatoku Tokyo 107，Japan)
11. 奖 项：①迈尼奇报时装大奖 1983 年、1988 年
    ②时装界星晨奖 (美国纽约) 1986 年
    ③舍瓦利耶文学艺术功勋奖 1993 年

风格综述

1975年设计师川久保玲在日本第一次举行“像男孩一样”女装发布会。自此她与同时代的另两名日本设计师三宅一生(Issey Miyake)、山本耀司(Yohji Yamamoto)一道崛起于70年代，并被称为世界时装舞台上来自日本的新浪潮。

川久保玲的设计具前卫的反时尚的风格，以简洁、单一及现代意识，大胆地向传统的西方服饰美学原则挑战。不追逐于流行的面料、剪裁及色彩，以对体外空间的强调设计替代传统服饰设计中对人体本身的体现，堪称“建筑风”设计流派的又一分支。其服饰中所反应的建筑理论与抽象美感，根植于日本的民族服饰。

川久保玲的品牌“像男孩一样”是西方服饰体系与日本文化的混血产品，面料、廓型简练朴素，并在结构之中融入现代的建筑美学概念，强调平面及空间的构成。日本传统服饰的精华代表——和服，是“像男孩一样”设计的民族精神座标。“建筑风”式外形轮廓，缠绕于人体的多层次结构，以及抽象的平面图案设计都在“像男孩一样”品牌服装中充分体现。面料与结构缝线则是其常见表现手法。1981年，“像男孩一样”进军巴黎市场时，即是以其独有的机织面料轰动巴黎及国际时装界，折叠、皱缩而成的面料可任意打折、扣合。其他较著名的设计还有问世于1982年的针织服装，有意织成的网眼以各式不同大小孔洞形成独特的表面风格。

纯黑色是“像男孩一样”品牌服装的标志色调，川久保玲对黑色总是怀有特殊的情感，她说：“黑色是舒服的、力量的和富于表情的。我总是对拥有黑色感到舒服。”平和、低调的黑以其特有的魅力展示于川久保玲的设计，同时借助于无色系的黑可突出强调服装本身之结构构成。即使在20世纪80年代后期，川久保玲开始使用明亮饱和的色调且外形趋于细小紧身之时，黑色仍为她的品牌基本色调、甚至其他的产品线如“男人”男装作品中，黑色亦为最常用之色。

在“像男孩一样”品牌组中，无论是其服装本身、其店面设计和装饰、作品发布会的形式，还是品牌的目录推广资料等等，无一不统一于设计理念，即反时尚的服装哲学。

对于川久保玲的迥异于巴黎乃至整个西方传统的服饰格调，褒奖者称其为来自东方的挥舞着武士道长剑的挑战者；好事者将她与伦敦的韦斯特伍特相提并称为反偶像崇拜的先锋。当然，也有人贬其为不可驯服的狂热的宗教狂。但是，不管评论界如何评价，“像男孩一样”品牌的服装为日本人所喜欢并吸引了很多猎奇的西方人。

小筱顺子（Junko Koshino）

品 牌 档 案

1. 类 型：高级时装、高级成衣
2. 创始人：小筱顺子（Junko Koshino）
3. 注册地：日本东京（1966 年）
4. 设计师：小筱顺子（Junko Koshino）
   1939 年出生于日本大阪
   1961 年毕业于日本文化服装学院
   1996 年在东京开设了第一家时装店
   1978 年在巴黎举办了第一次成衣发布会，推出高级时装设计作品
   20 世纪 80 年代以后多次来中国访问及举办作品展示
5. 品牌线：小筱顺子（Junko Koshino）
6. 品 类：1966 年推出成衣
   1978 年推出高级女时装
   1980 年推出男装
   1988 年推出家具装饰系列
7. 目标消费群：中等收入阶层
8. 营销策略：①设计简洁、未来主义风格明显
   ②专卖店、专门设计
   ③制服设计制作
9. 销售地：1966 年首先进入日本市场；1985 年进入中国市场；1989 年进入法国巴黎；
   1992 年进入美国纽约；1993 年进入新加坡
10. 地 址：日本东京都港区南青山 6-5-36
    （6-5-36 Minami-Aoyama, Minatoku, Tokyo, Japan）
11. 奖 项：①日本文化服装学院装苑奖 1960 年
    ②巴黎时装编辑俱乐部奖 1978 年
12. 网 站：www.koshinojunko.com

风格综述

1985年，小筱顺子首次在北京饭店举办的题为“依格·可希侬”(JK)的时装作品展示会上进行时装表演。2005年，为纪念首次来华举办时装表演20周年，中国对外文化交流协会举办的小筱顺子“中日时尚新生活文化交流”时装表演再次在北京饭店上演。

小筱顺子品牌的服装带有明显的未来主义风格。该品牌的运动装由闪光面料制成，色块相拼，动感十足。其设计师小筱顺子把空气动力学的理论应用在服装设计中，使服装不但外表美观大方，还符合运动功能性要求，具有较高的科技含量，因而倍受消费者青睐。

1961年，小筱顺子从日本文化服装学院毕业后，并未像同时代的其他日本设计师如高田贤三等人那样去外国发展事业，而是留在了东京。几年之后，她便开了自己的时装店。20世纪60年代巴黎时装界兴起的“未来主义”、“太空风貌”等对小筱顺子颇有影响，在她的服装中，这种风格得以保留发扬。从她1990年为北京亚运会以及1992年为日本奥林匹克排球队设计的服装中，仍可以看到未来主义的风格。从功用上来看，这些服装也非常实用，结构上更适宜于身体的运动，色彩醒目在田径场上也易于识别。

小筱顺子在设计上富有开拓精神，在造型上，她采用过几何型、蚕茧型、螺旋型等；在质材上，她甚至还尝试过塑料、金属等。她的服装，无论是男装还是女装，都在具有个人风格的同时又归属于一定的社会规范，易于穿着，功能性强。因而许多日本公司都诚邀她为公司设计制服，如三菱化工、朝日(Asahi)啤酒公司等等。她的制服设计不仅符合公司期望的传统要求，还在此基础上融入个性特色。

小筱顺子那富有未来主义风格的作品在人们面前展现了一个优雅、秩序井然的乌托邦式未来世界，在某种程度上消除了人们对于未来的恐惧心理。然而未来也并不是该品牌服装的唯一主题，小筱顺子还常常回顾历史，把人类的过去与未来看作是螺旋式发展进程中相对而言的两个概念，这一点在她博物馆中的展品上有所体现。小筱顺子品牌的服装在全世界许多城市都有销售，如巴黎、纽约、新加坡以及中国等。各个销售地的总部，不单纯是为了销售管理而设，还成为信息反馈中心。在那里，一方面小筱顺子的时尚语言被传送给大众，另一方面，还聆听着各地区人们的心声，密切关注他们生活方式的变化趋势。

埃斯卡达 (Escada)

品 牌 档 案

1. 类 型：高级成衣
2. 创始人：沃尔夫冈 (Wolfgang)、玛格蕾斯 · 莱伊 (Margareth Ley)
3. 注册地：德国 (1976 年)
4. 设计师：① 1976 年一 1992 年玛格蕾斯 · 莱伊 (Margareth Ley)
   ② 1992 年以后迈克尔 · 斯托尔岑贝格 (Michael Stolzenberg) 及设计师群
5. 品牌线：埃斯卡达 (Escada)
6. 品 类：① 1976 年高级成衣问世
   ② 1990 年推出埃斯卡达皮革制品
   ③ 1991 年成衣问世
   ④ 1990 年在美国推出香水产品
   ⑤ 1996 年推出运动装
   ⑥ 1999 年推出高尔夫系列
   ⑦ 2000 年推出鞋、包以及其他配饰些系列
   ⑧ 2001 年推出女士内衣系列
7. 目标消费群：高收入职业女性
8. 营销策略：①以品质优良著称并作为产品推广基点
   ②公司采用集团收购的经营方式，使集团变得多元化，同时藉此扩大产品种类，由时装针织至纺织产品。因集团有统一的质量标准，故这套以收购为主的发展策略十分成功
   ③采用专卖店形式
9. 销售地：① 1976 年创立于德国
   ② 1990 年香水产品畅销美国
   1991 年后在 55 个以上国家有售
10. 地 址：德国慕尼黑多尔纳赫 8011，卡尔 · 哈墨斯切梅德斯特拉斯大街 23-29 号 (Karl Hammerschmidt Strasse23-29，Domach 8011 Munich，Germany)
11. 奖 项：① 1990 年香水基金会大奖
    ② 2000 年沃尔夫冈 · 莱伊 (Wolfgang Ley) 获得“Bambi”德国媒体大奖
12. 网 址：www.escada.com

风 格 综 述

创立于1976年的埃斯卡达品牌以为高收入职业女性设计及经营高品质女装而著称。其产品可见于世界各地的著名时装店及埃斯卡达的专买店。1992年以前，时装模特出身的玛格蕾斯不仅是埃斯卡达的创建者之一，亦是其首席设计师。玛格蕾斯坚信这样的设计理念：作为一名设计师仅仅凭靠天才的创造力是无法成功的，还应在新颖创意与强烈市场意识之间寻找平衡支点。简洁、洗练、精明、个性是埃斯卡达刻意创造的形象，服装风格明快、造型优雅、机能性强、实用性高、可系列搭配或单品组合，注重新型织物及独到的色彩体系的运用也是其特色之一。1992年以后，迈克尔·斯托尔岑贝格接任为首席设计师，为埃斯卡达品牌注入更年轻、时髦的活力。其设计更多源于人们的日常生活，将实验性的设计及新的想法与思路融贯成一体。迈克尔成功的背后，是由一批主要来自英、德等国时装院校的年青设计师组成的埃斯卡达品牌实力强大的设计组。他们的奋斗目标是以最好品质为标准步入时尚商品市场的最高层。

明快大胆的色视冲击塑造了迷人的埃斯卡达风貌。大块面几何纹与繁复的印花、刺绣、贴绣、饰边构成的鲜明对比经常出现于埃斯卡达的服装之中，如明快的海军蓝与白色相间的航海风格纹样；又有黑、金两色设计的礼服，饰以黑金两色皮革；其他风格化的主题设计还有自然、优雅的“乡村动物”；多采用紫、粉红等明快色相配的“高级社会”等。总之，埃斯卡达为高收入、性感、个性而自负的职业女性提供各式成衣。技术型装备的应用为埃斯卡达提供了高品质的保证。如计算机辅助制板系统、自动剪裁设备、高级的针织机械等等为其多年来的成功发展及运用新技术创意设计等创造了良好的条件。

埃斯卡达产品主要透过各大时装店及自设的埃斯卡达专门店分销。如今的埃斯卡达公司己通过收购发展成大型服装集团，除自己的埃斯卡达品牌外，亦拥有其他品质优良、设计及价值具有国际一流水平的品牌，如切瑞蒂1881、肯珀·玛丽·格雷、劳雷尔季节、施内博格以及圣·约翰等，从高级时装到各式成衣，1994年销售额达11亿马克，埃斯卡达集团在德国成衣商中位列第四，而埃斯卡达品牌无疑是该公司品牌群中的佼佼者。由于前期市场分析工作仔细，埃斯卡达品牌每到一处都能位于市场的峰层并成为德国式服装文化的象征。

波士 (Hugo Boss)

品 牌 档 案

1. 类 型：高级成衣
2. 创始人：胡戈 · 波士 (Hugo Boss)
3. 注册地：德国梅青根 (1923 年)
4. 设计师：①吉尔 · 桑德 (Jil Sander)
   ②蒙迪 (Mondi)
   他们经由“波士”公司培养成为德国高级时装设计师
5. 品牌线：波士 (Hugo Boss)
6. 品 类：① 1923 年生产工作服装、制服
   ② 1948 年推出男装和童装系列
   ③ 20 世纪 60 年代推出高级成衣系列
   ④ 1981 年推出男士衬衫款式
   ⑤ 1984 年推出运动服装系列、化妆品系列
   ⑥ 1986 年设计生产皮革制品
   ⑦ 1989 年推出女装系列及太阳眼镜
   ⑧ 1999 年推出 Hugo 女装线
   ⑨ 2000 年推出 Boss 女装
7. 目标消费群：白领阶层、中产阶级男女士
8. 营销策略：①契约转让承包
   ②广告及产品陈列
   ③出口订单
9. 销售地：① 1923 年进入德国市场
   ② 1973 年进入比利时和荷兰市场
   ③ 1975 年进入挪威和英国市场
   ④ 1977 年进入美国和法国市场
   ⑤ 1982 年进入加拿大市场
   ⑥ 1985 年进入意大利和日本市场
   ⑦ 1986 年进入西班牙市场
   ⑧ 1987 年进入葡萄牙市场
   ⑨ 1988 年进入中国台湾和韩国市场
   现在全球拥有超过 550 家专卖店
10. 地 址：德国梅青根 72555，迪塞尔特莱西 12 号
    (Dieselstrasse 12，72555 Metzingen，Germany)
11. 网 址：http://www.hugoboss.com

风格综述

说起源于德国的服装名牌，不能不涉及波士。在20世纪90年代这一所谓“新时代”，波士的形象与职业白领的男性中产阶级联系在一起，这大概不是20年代时主要生产工作服的波士在创始之时所料及的。在60年代，波士公司的决策者们从自己喜爱的中价皮尔·卡丹高级成衣中得到启发，从德国进而至欧洲市场中找到波士的市场定位，针对白领中产阶级，设计生产小批量、高品质、高档次而价格适中的服装并很快就获得成功，波士牌子随之走向世界。

波士风貌建立于20世纪传统男性的廓型：双排钮，肩部宽度变化各异，裤子前身打褶。欧洲人又把衣服袖子卷起，形成他们自己的风格。面料都是采用新技术制作的高质产物，服装的质量也受到严格控制。

在品牌形象塑造上，波士有可值得借鉴之处。波士的原意是老板，这已让无数男子动心，充分运用广告媒体以及产品陈列，使波士的形象定位得以推广。至20世纪80年代中期，在公众眼里，波士与遍布的男性雅皮士的大都市风格紧密相连。那些住在企业公寓里，手拿移动电话，背后是装配生产线的企业家，往往被想象成是穿着波士西服的欧洲年轻人，而不管他们实际上是否更喜欢穿着保罗·史密斯(Paul Smith)或是乔治·阿玛尼(Giorgio Armani)品牌。风格硬朗的波士西服，更多地为企业家商人设计，是上班族的象征。对于欧洲男士来说，它的实用性具有巨大的吸引力。

20世纪90年代，波士品牌又频频出现在一些高级别体育赛事上，准备生产运动服装系列，与德国老牌运动服装“飘马”、“阿迪达斯”竞争，因为真正有魅力的男子汉形象通常与戴维斯杯网球赛及一级方程式赛车等赛事联系在一起。而成功男士的香水和护肤系列，创造了一种活跃积极的生活方式。

在营销上，波士采用契约转让和承包的策略，加上服装本身高质量的保证，波士品牌家喻户晓。90年代，出口继续增长。在德国市场，它们会以最快速度从一些不适合于波士最新流行形象的零售商(店)里撤出来，宁可遭受损失亦不愿使品牌降级，这个策略目前已被普遍成功地应用。

从20世纪80年代末起，波士开始尝试女装和女用香水，1999年起又开始推出新的女装线，并逐渐受到女性消费者的关注。

拥有新的态度、新的观念以及新的市场视角，这就是波士的精神。

第二章 国际服装名牌的作品评述

服装名牌之所以能使消费者具有倾向性的偏爱，是因为它具有生动的品牌形象，从某种含义上说还代表一定的生活方式和生活信仰，因而对于消费者而言无疑是一种既省事又可以少冒或者不冒风险的事情，这也是为什么有如此多的民众钟爱名牌而厂商也不遗余力地创造名牌的原因之一。但是，服装品牌归根结底是需要通过有形的产品来实现的。

服装强势品牌的产品就是广义的服装，确切地说是由设计师设计的经过制作完成的设计作品。服装属于多细节的立体物，因此用语言来描绘服装终归是贫乏的，即便是描述的笔生莲花，没有经过专业训练的人依然如在云里雾中。为使得服装名牌的内涵有一个合适而形象的注脚，也为使第一章所述品牌的形象更加明晰，本章就书中58个品牌分别选取具有代表性的服装作品图片并加以分析。

当时光流转到21世纪，服装已经不单纯是人体的保护物而具有多层面的特质。陈列在店里的服装是商品；穿在身上的服装因为与穿者的关系太过密切而成为人的第二层皮肤；对于社会而言，服装是文化；对于设计而言，服装又是艺术。在以上诸多因素中寻找平衡是一门学问，名牌因为深得其中三味而成强势，因此有了所谓格调；旁观者对于此道谙熟与否决定了其眼光，因此有了所谓品位。其实，名牌的服装并非件件都比非名牌好，但是它利用消费者的情绪认同总使非品牌处于竞争下风；名牌也从来不做让所有人都穿的黄粱美梦，消费者可以通过对于服装作品的分析来判断哪个品牌更加适合自己。

打个比方，名牌的营造者们（包括设计师）与服装的面对者的关系相当于比赛中的球队与球迷的关系，很多时候需要一个解说员加以沟通，时尚业内即有所谓“服装评论”。如果我们认同服装是艺术，那么服装名牌的作品很多时候可以看成是服装艺术的精品，名牌的热衷者则算是艺术的朝圣人，服装评论一方面是对艺术光环下感性的服装作品进行理性评述，以此来限制服装艺术设计的劣作出现和解释流行；另一方面也让品牌的受者认同和理解某种品牌的服装设计，增强服装艺术体验，无形中提高服装修养，强化对于时尚的理解。

本书所收集的服装作品主要有三大类：一是流行发布中的作品，它或许华而不实，无法在实际生活中常用，国内常称其为表演服装或者创意服装，其实，它主要表现出该品牌对于时尚趋势的理解和演绎；二是准备出售的服装，可能是当时已经进店的，或者已经在品牌网站上公布的，国内称其为实用服装，实际上就是已经成为商品的服装，主要体现出该品牌当时的流行观；三是广告类图片，广告的整体效果营造了品牌的文化气氛，广告中的服装和人物也最能代表该品牌服装的使用特性和穿着形象。服装评论涉及服装设计、服装工程、服装史论等诸多学科，本书对于作品的分析主要从时尚美学的角度入手，考量作品对于品牌风格的体现、设计特征和服装完成度等方面。

丝巾是爱马仕品牌的招牌，一块90厘米见方的丝巾动辄就是上万元人民币，它的价值不仅是蕴涵于爱马仕的商标内，更存在于其精美绝伦的工艺中。每一方丝巾从设计到完成耗时18个月，每块都是独一无二的，不仅是品位的象征，更是一件值得收藏的艺术品。对于“来自巴黎最纯正优雅的呼吸”的美誉是当之无愧的。

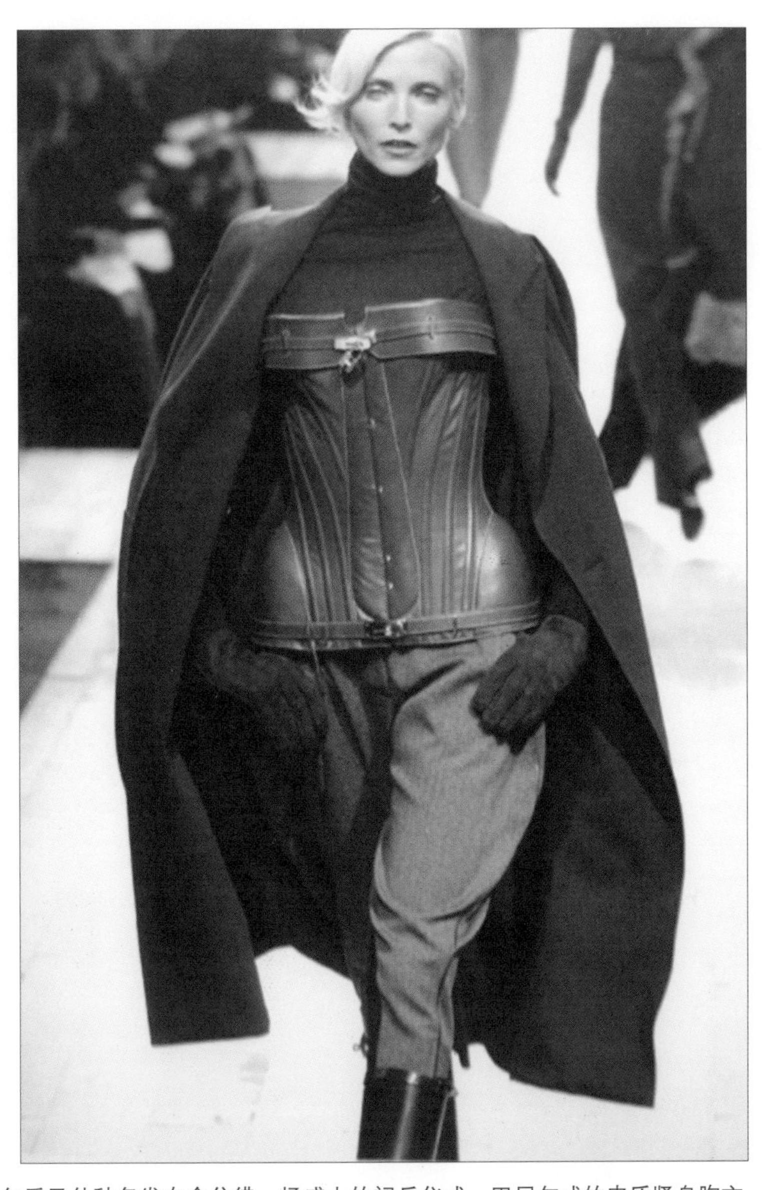

2004 年爱马仕秋冬发布会仿佛一场盛大的阅兵仪式。巴尼尔式的皮质紧身胸衣，灰色毛料马裤，外披深灰色军装式改良大衣，酱紫色的高领毛衣、手套和皮靴上下呼应着。夸大的女性蜂腰因为盔甲般的胸衣显出雄壮的英姿，仿佛暗示着女性掌权的时尚帝国主义。

2004年春夏的女装发布延续巴黎世家一贯的高傲和优雅。新浪漫主义背景下的X造型，合身的结构，勾勒出女性美妙的曲线。单一的纯色面料，及腰立领上衣加紧身裙，看似简单却显现出巴黎世家一贯的裁剪功底，衣片分割按照人体特征顺势而成，既满足了合体的结构要求，又构成巧妙的装饰设计。而上装中菱形分布的扣饰既是门襟开合的功能性需要，也构成独到的视觉焦点。

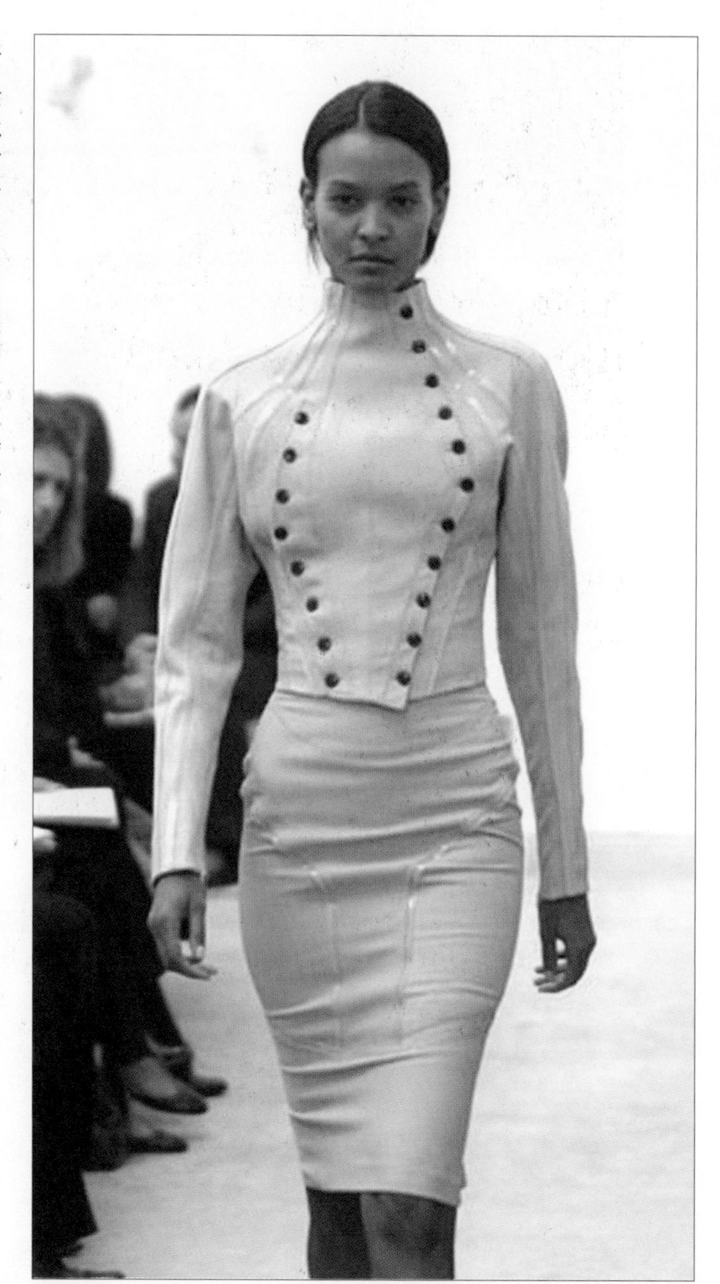

巴黎世家的女装广告。在新装饰主义时代，强调 20 世纪 50 年代的奢华品味。服装有巴黎世家精巧的传统，腰饰的处理则是时代精神的体现。前额与肩部的信手涂鸦，有几分后现代，却没有过分的造作，它依然是巴黎的，确切地说是巴黎世家式的。

蒂埃里 · 穆勒擅长的不只是表现女性特征，而是夸张和强调。肩线下移让肩部圆润，收紧的裙腰让胸部更加饱满，用立体裁剪的方式使裙子在臀部鼓起、膝盖处收紧，形成整体的沙漏造型。不对称的衣领像花叶般卷曲着，袖口作了加大的垂荡和翻折处理。衣襟处用交错的系带装饰取代钮扣，是对紧身胸衣穿着方式的借用。

半遮半掩的酥胸欲盖弥彰，借用紧身胸衣原理塑造的蜂腰丰臀，吊袜带和有着能使纤腿显得更直更修长的经线的黑色丝袜，抛开蒂埃里 · 穆勒这组时装给人们带来的这些视觉冲击和性暗示，单从形式上看，充分展现了他善于将装饰主义与抽象主义结合的设计手法。工业化的几何造型在他的手中则幻化为形式独特、极富戏剧性的时装帽。

清新的海风，随手从杯中撒落的细沙，鳄鱼品牌的广告为我们渲染的是闲适的意境。柔软的棉织物是最舒适、自然的选择，用略显粗犷的织法加插肩袖，可以清晰地感受到它将运动带入品牌概念的成功举措。

鳄鱼的休闲男装。面料一如既往的选用自然、舒适的棉织物，渐染的条纹衬衫，配搭同色系的帽子和宽裤腿休闲裤，腰间用黄色丝巾代替传统的皮带在右侧简单的系了一个结，是整个造型的点睛之笔。

高田贤三饰品线的品牌广告。纷繁艳丽的花朵衬托出主体,仿佛从丛林深处走出的精灵,微湿的发稍,不对称的独特剪裁,配上从浅褐色过渡到黑色的巨大植物图案,带着一丝野性。突出的正是 2002 年春夏高田贤三的异国热带风情的主题。

多民族风格和花卉图案是高田贤三2004年秋冬发布的重要元素。俄罗斯套娃式的整体廓型，上衣是东方的袄与西式的斗篷的结合，裙则用不同色彩的面料拼接出褶皱的层次感，里面是英国乡村风情的棉格衬衫，红色印花丝袜与上衣故意显露的红色滚边遥相呼应。各色羊毛勾花和绒球成不对称式修饰在帽子的边缘，增添了俏皮感。色彩是整套服装中最为出挑的，同色系不同色相的黄、绿、褐色的配搭，是典型的日本和服面料的配色理念，雅致脱俗，而花卉的表现形式亦有版画的独特韵味。

2004 年其以全新面貌在香港推出秋冬系列，注入独立不羁的时尚元素，演绎出现代女性温柔与硬朗并重的独特个性，是贵丽浪漫与完美体态的艺术结晶。

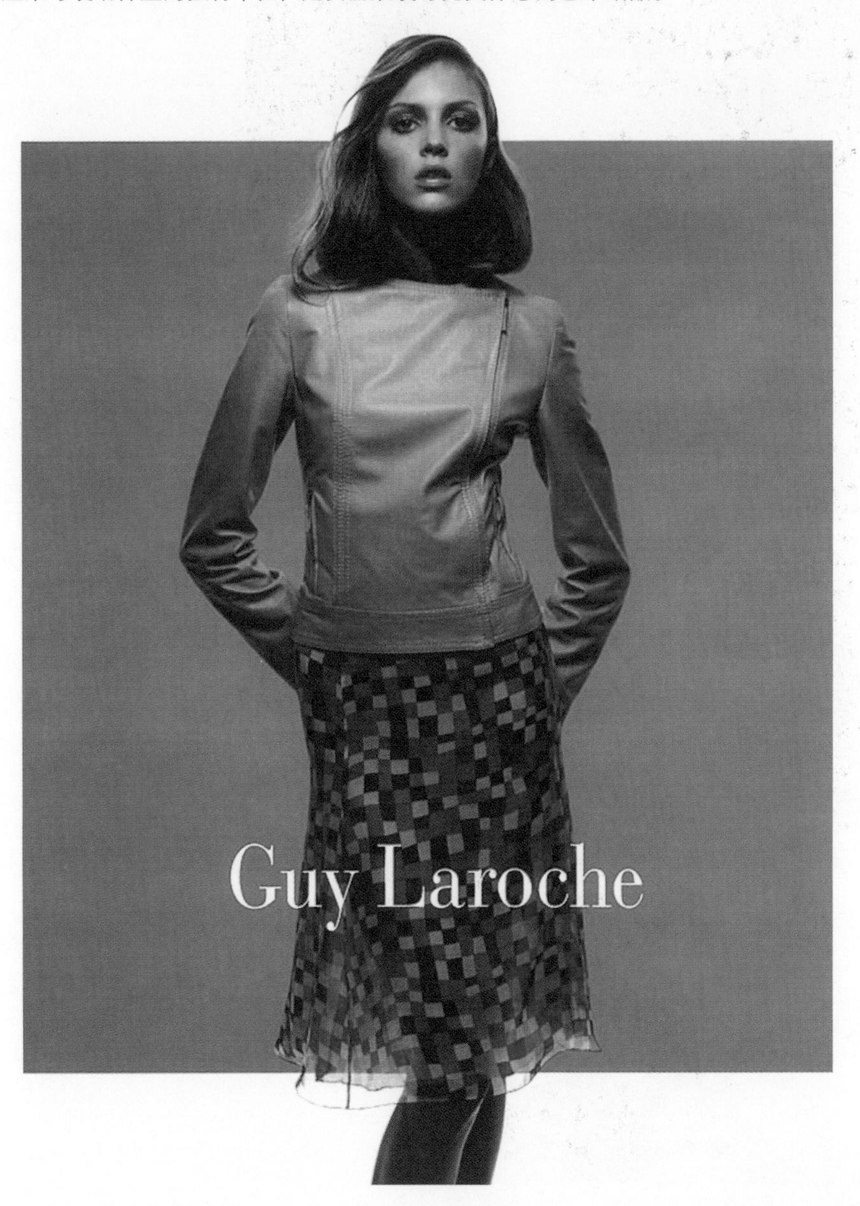

纪·拉罗什早期的秋冬发布。温暖、柔软而富有女性特质的兔毛混纺织物，通过合体的剪裁更凸显了女性美好的曲线。艳丽的红色掩盖了简单裁剪的单调与死板，反而使其更为热烈而性感。
另一款简单的圆领短袖，搭配腰部细致抽褶的短裙，再加上同样质地的披风式外套，这一切无不体现了纪·拉罗什高级女装的简洁和雅致。

2001/2002年纪梵希的黑白色系高级女装，出自纪梵希的第三位英国籍设计师麦克唐纳德之手。白衣黑裤，男式衬衫、领带的借用，体现出现代女性的干练。外套借助居家的晨装式样，隐含了英式设计的出位，具有良好的光影效果的雕花天鹅绒的面料则展现出法国感觉的奢华，式样的整合也很老道。尽管略感媚俗，但是依然可以看到纪梵希一贯的简单和精致。

GIVENCHY

纪梵希的品牌形象广告。由 4 张图形拼合而成，埃菲尔铁塔是法国最后的优雅的纪梵希特性的暗示，吻的浪漫是纪梵希的花都巴黎的宿地象征，精巧的脸上一双渴望的眼睛，烘托出主图中体现的纪梵希的装扮格式和品位。

2005春夏的卡尔·拉格菲尔德作品，或许我们可以称之为缤纷的纯色系列。高纯度的亮色被设计师一并搬来，每件服装均为单色或者是大块面的色彩组合。以红白色作品为例，设计师抓住观众的特征，以中国红赢得阵阵的喝彩，轻纱的曼妙，被肩部和腰带的街头造型特征演绎为女性的内心狂野，多层的蓬裙又有巴黎式的端庄，设计师用后现代的手法，将种种冲突统一为所谓拉格菲尔德风格。

LAGERFELD

BLOOMINGDALE'S, NEW YORK, NY - NEIMAN MARCUS, CHICAGO, IL
GEORGINA, HEWLETT, NY - NORDSTROM, SEATTLE, WA

拉格菲尔德品牌线的广告，在卡尔 · 拉格菲尔德品牌族中，LAGERFELD 主要针对相对成熟的消费群体。少了些飘逸，多了点沉稳；有夏奈尔式的优雅和简练，更显拉格菲尔德式的别致和精良。不但有法国传统里的端庄，还有英国街头上的冲动和德国头脑中的秩序。

卡纷的2001/2002年秋冬高级女装设计。白色是卡纷的经典，配以黑色和黑白几何纹，品味出众。高领、高腰，显现女性的纤长。卡纷的细节处理具有精致的个性，前胸的菱纹镂空，与腰部的山形条纹构成呼应，胸前的饰条与强调后臀的类似巴瑟尔裙的条纹织物堆垒和飘带构成比照，肩部朦胧的黑纱，与裙衩出显露的白纱增添了更多的柔美。

2001/2002年秋冬高级女装作品，简单的日装却有不凡的感受。浅咖啡色大衣配深棕色双排钮，米白色翻边长裤加浅棕色鞋，衬衫与裤装类似地借用经典双克夫男装形式，但是粉红白条的塔夫绸却有女性的轻柔，而领带和袖扣的珠饰则是女子身份的明确表述，也是在颜色上的呼应变化。这是为具有较高的时尚鉴赏力的上班女性配置的绝妙衣裳。

克里斯汀 · 迪奥 2004 年春夏高级女装发布上设计师约翰 · 加里阿诺的创意。模特身着袖口缀饰着似盛开花朵般的金屡衣，巨大的结饰和球形装饰则是巴洛克式的雍容。合身收腰的上衣与长而狭窄的长裙紧紧地将躯体包裹在豪华的金属色泽的面料中，展现出模特妖娆的身姿。埃及艳后式神秘夸张的彩妆与高耸华丽的法老头饰使整体更显尊贵，而夸大的耳坠则是点睛之笔。

聚光灯下的明星不仅是迪奥广告的主题，也是迪奥一直以来在时尚圈的形象。轻薄透明的纱质连衣裙，波浪形裙摆中由细长的珠片组成的宽饰边闪耀生辉。白色的高跟鞋在整个红色的背景下格外惹眼。高跟鞋仿日式木屐厚底的增长效应，拉长了身形比例，表现出不同于细高跟的狂放。

2004 年英国版《VOGUE》中克里斯汀 · 拉克鲁瓦的时装大片。童话般的仙境是摄影师为拉克鲁瓦营造的氛围，女孩儿惊慌的神情和隐在暗处的身影让人联想到的是 19 世纪宫廷版的白雪公主。模特身着乳白色深 V 领晚宴服，帝政时期的泡泡羊腿袖，飞扬的荷叶边袖口，西班牙风情的浪漫头饰，展现的是融合了复古与摩登的拉克鲁瓦。

克里斯汀·拉克鲁瓦2005年秋冬高级女装。香槟色的锦缎外衣印满了19世纪贵族式的大朵花卉，里面包裹着的是纤细柔软的雪纺洋裙，黑天鹅绒制的玫瑰头饰、粉色蝴蝶结、浪花般的华丽水晶、有铆钉的康乃馨花饰装饰在梳理整齐的头发上，烂漫缤纷。腰间的鲜艳的红色饰结使整体的妆容活跃起来。这就是拉克鲁瓦对奢华的诠释。

克洛耶的广告。16 世纪男子豪普兰德式的复古造型，利用紧身胸衣和荷叶边下摆塑造出丰胸丰臀细腰的外廓，白色珍珠修饰于领、肩和上臂，使其显得更挺阔，糅合了女性的阴柔与男性的阳刚。背景是铺满厚厚云层的欧洲天空，狂风吹乱了“女战士”的头发，面目狰狞的魔兽自顾自啃食着美食，像是暴风雨前的宁静，克洛耶女郎冷酷的眼神仿佛凝聚的无可畏惧的爆发力。

克洛耶2003年的秋冬发布。融合了复古、性感与街头的时髦感，设计师菲比・费洛用独特的混搭诠释着她眼中的巴黎。米黄色的毛皮短外套、水洗牛仔裤和过膝反皮长靴，展现了自主女性主义的精致与豪气。纤长的深灰色围巾和黑色皮挎包不只是点缀，更起到了色彩上的呼应与平衡。

库雷热与他的未来时装，这套带帽子的连身衣的灵感来源于太空服，银色总是表现未来感的绝佳选择。

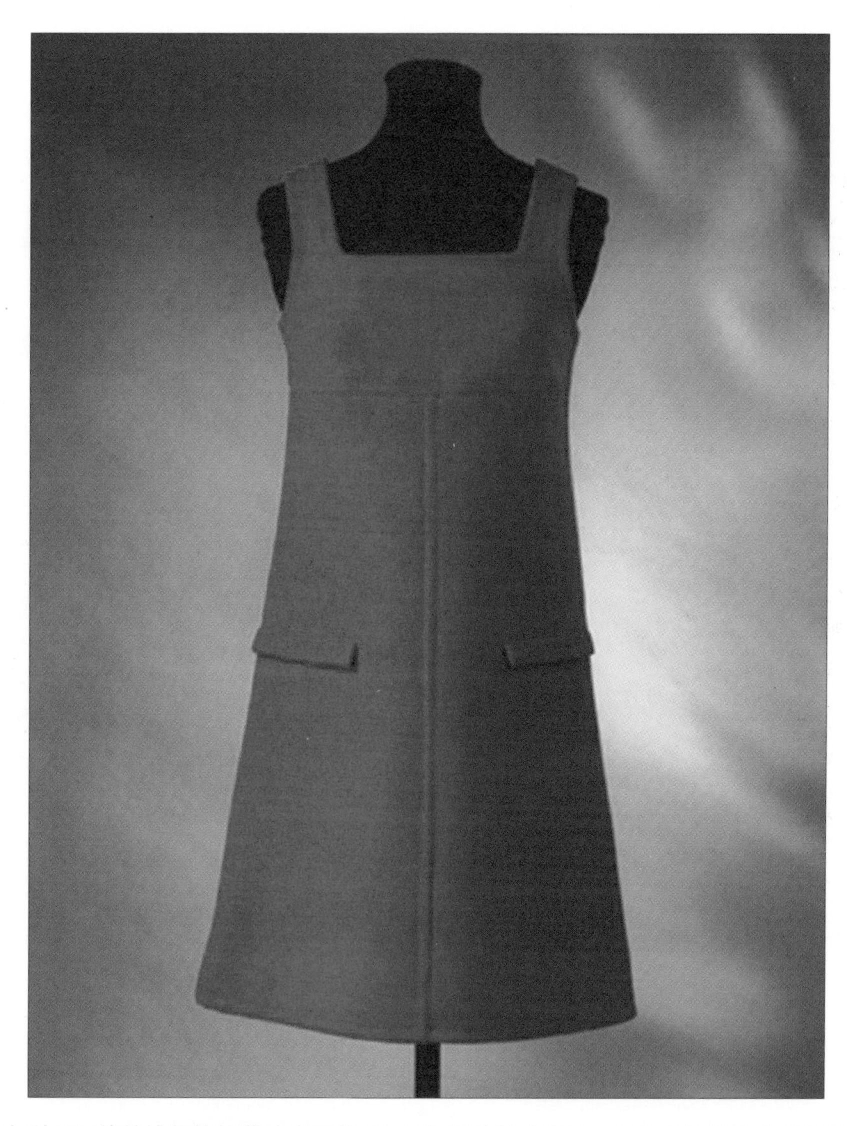

维多利亚阿伯特博物馆馆藏的库雷热 1966 年设计的迷你裙。这是库雷热最典型的迷你连衣裙，明亮的红色厚羊毛斜纹防水面料通过精良的洋装工艺裁剪缝制而成，整体呈 A 型筒状，高腰线和裙摆的对称分割是形成 A 型裙的关键，左右对称的细窄的口袋盖和背后用两颗钮扣固定的小横带是库雷热常用的装饰小细节，同时也是为达到整体的视觉平衡。

内敛的法国情调，优雅是不经意间的流露。宽大的帽檐遮住的是脸庞，留给大家的是无限的臆想空间。浪凡的精湛工艺是最值得赞颂的特色之一，黑色丝质上衣和乳白色褶裙，配上灿烂的玫红色和蓝绿色芭蕾舞鞋，浪漫、经典与时尚的结合是它的拿手好戏。

浪凡奢侈的豹纹毛皮大衣，结构上采用了风衣的形式，插肩袖、覆势、大翻领和腰带是军装的硬朗外形与奢华材质、精巧工艺的组合。

路易 · 费罗对 19 世纪初优雅的帝政风貌的再现。钉着金色饰片的高腰背心，承托胸部的同时，借用高腰线配合直条纹加倍拉长了下身的比例。黑白条纹长裙在胸下部位用密布的箱裥结构，腰线以上的部分正好在胸前散开，遮掩的同时也起到修饰和集中视线的作用，以下的部分也自然的散开，无拘束的裙裾便于行走。金色夸张的几何形耳饰是对上衣的回应。

路易·费罗的高级女装，腰间是白色的紧身胸衣，外穿一件带有银色亮片的白色透纱长裙，左臂饰着呈螺旋状的三层流苏，裙子左右的装饰也是不对称，有着悉尼歌剧院般流畅曲线的立体结构，厚薄质感不同的面料加上丰富的层次使裙子富有变化。胸前正中间的饰片和隐现的胸衣达到了整体分量上的平衡，缓解了裙子的下沉感。裙中央的十字形装饰性布条也起到了一定的视觉稳定作用。

Montana

蒙塔那的这则时装广告中，左下角是如盛开的马蹄莲般亭亭玉立的女子，光滑优美的脊背与曲线流畅的长裙连为一体。右边是女子半侧脸的特写，半垂的眼帘，微张的丰唇，在胸前翎羽的映衬下格外迷人。

蒙塔那的高级成衣，无衬里的长衫选用半透明黑色绸料，飘逸轻盈，蒙塔那式的立体大翻领，下摆与裤口平齐，前片是平整无分割的块面，后背有披巾式覆肩，衣襟仅依靠胸线位置上一对布扣布钮固定，构成对置露肌三角区。腰带由三股合并而成，单根金色部分与双克夫袖上的金饰相称，两股皮编腰带与黑色丰字带凉鞋相对。长裤上贴缝不规则的同质布料形成厚薄透视不一的层次感。

尼娜 · 里奇装扮的女人均是姣而不媚、艳而不俗，借用衬衫形式改造而成的连衣裙，用红色圆点的印花面料渲染出女人的时尚美好，精致的腰带和扣饰，飘荡的纱巾，点缀装扮出尼娜 · 里奇式的高雅淑女。

面料质感的对比是这款时装的亮点之一：一个是泛着柔光的纺绸，柔软亦富骨感，悬垂性好，象征女性的柔美；一个是反光较强的皮革，略显粗犷和野性。比基尼式的胸衣用极细的带子悬挂在颈项和缠绕在腰间，形成了又一个视觉焦点。全夹里的风衣外套则体现出尼娜·里奇高级成衣精细的工艺。

2001年的高级女装设计。以花为主题，集华丽和高雅为一体，红色基调的颜色变化很有爆发力。玫瑰红上装中由细褶荷叶边修饰的大V领及袖口的鲜红色抽皱装饰，是花的延续。多层的鱼尾裙上同样有花的图案。手中一捧怒放的鲜花是设计主题的明示，头上一袭飘洒的黑纱，构成曼妙的背景。同类色的使用、花的变形和组合、褶皱的呼应，层次丰富。有巴尔曼品牌传统的优雅，只是显得过分的凝重。

明快的巴尔曼晚装。经典的造型设计但是不乏浪漫时尚，X型肩带的结饰而显得轻松，裙身上的横向条纹构成节奏上的变化，白色塔夫绸上覆盖黑色绣花纱罗，简洁而不失典雅。

从皮尔 · 卡丹品牌的网页上，不难看到设计师钟爱的“建筑风”设计，在这件服装中，谁去穿似乎已经不重要了，人和服装的其他因素平等处理。设计眼在于背后的扇状修饰，三枚扇子由刻意的重复构成立体空间感，扇钉处同色异质的蝴蝶结是视觉的聚焦点，轴线发散的皱褶又构成空间的扩张。看惯皮尔 · 卡丹成衣的人们甚至会有种诧异，这是皮尔 · 卡丹吗? 是的，这就是皮尔 · 卡丹的高级女装。

2000年的皮尔 · 卡丹品牌成衣,或许这才是人们所熟悉的皮尔 · 卡丹,少了很多的夸张,却不乏设计感和精致特征。极简主义时尚的简单式样，却有同调异色和面料质地的对比和变化，而对于材料的使用本就是皮尔 · 卡丹品牌的擅长。T恤的半开襟比寻常略微向下延伸了一些，就有几分性感的臆想，正好掩肘的合体中袖是主要的细节特征。

切瑞蒂 1881 的男装并非别人想象中的那样总是一本正经。2003/2004 年秋冬的这款男套装，让我们充分领略到切瑞蒂式的男装格调。英国式传统的双排钮加上法国式的收腰，让其在单排钮西装的世界中分外抢眼。意大利式的奢华和戏剧化则充分体现于褐色调的丝绸衬衫之中，没有领带，却有正统的双克夫袖，面料也是需要细细品味才能发现有时尚元素的灰色格花呢，小沿礼帽与衬衫、外套的网格线形成颜色上的和谐与梯变。优雅而精致，气派但又具有生活化的感受，这就是切瑞蒂 1881。

切瑞蒂的女装同样出彩。借用男装的精湛和简练，虽只有灰白和蓝紫两种颜色块面，但是桶状短上衣中领襟上的条纹装饰不但与短裙具有强烈的颜色呼应，同时，它与简洁的领型、暗门襟、露腰造型以及裙腰的抽皱又构成女性化特征的细节对应。

2001/2002 年 秋冬的戈尔捷的高级女装。中国元素在这位天才的设计处理下具有新的内涵：快乐的猎奇和搞怪。立领、斜襟和滚边是中国式的，镂空、堆皱和抽褶则是天马行空的西式方法，最终构成单侧拖地的垂皱装饰，裤子上的绣花图案也是中国式的，但是花朵反传统地放置于臀腿侧上部，构成与垂皱的视觉对应，团花木雕变成鲜红的项圈，团扇演化为黑色轻纱的长柄头饰，黑袜红鞋，再选一个黑人模特。这就是戈尔捷，总给人以目瞪口呆后

2004 年的作品，戈尔捷式的反传统。全身浑然一色，借用紧身胸衣的原理，再加上抽褶和堆皱构成的看似狂野实则艺术的裙装，肩带成了松垮的装饰，领于胸部垂荡，因为裙身横向抽褶而吊起，加上裁片的处理，构成自然变化的多向皱纹以及三角形摆线，连袜子的穿法也是向下堆皱的。设计主题单一而明确，但是衣着外观的视觉感受非常丰富。

谢瑞的日装华采照人。绿色调的苏格兰呢大衣做工精美，下摆部位的毛球装饰打破了款式的平淡。服装的配伍相当考究且多有层次和相互间的呼应。

这款谢瑞的高级时装高雅而细腻。金色的T台辉映着高级灰。丰糯、柔软的毛皮饰领与袖口半透明的雪纺荷叶边即形成了轻重、厚薄的对比，也提升了整个形象的高贵气质。独特的面料纹样别有风味，以重复的圆环为基本元素，再作球状变形处理，其分布的位置最是恰当，胸、臀处的球形纹样凸现女性玲珑的曲线，喇叭裤口上的球形纹样则与厚重的皮毛相呼应，达到分量上的平衡。金色圆形扣饰和腰带也很注重整体的协调和统一。

带蝴蝶的印染面料早已让森英惠获得了“蝴蝶夫人”的美誉。激潮澎湃的海浪，翩翩起舞的蝴蝶，是森英惠想要带给人们的禅的意境。色彩由浅至深充满了安定感，腰间的皮草宽腰带与黑色的海水相照应。飘洒的拖曳及地的披风吸取了和服大袖的特征，将衣和披肩结合起来，构思独特。

森英惠设计的婚纱礼服。玫瑰代表爱情，白色则象征着纯洁。新娘手中纤秀的白玫瑰与头上巨大的玫瑰头饰遥相呼应着，层层叠叠的纱裙和衣袖让人浮想起天鹅柔顺的绒羽，上衣选用大小相间的佩兹利纹蕾丝面料，优雅的圆形领口配上散发柔美光泽的珍珠项链，完美的显现出新娘的高贵典雅。

2004 年英国版《VOGUE》中的夏奈尔高级女装带给人们的是奢华的贵族气息。看似简单实则繁复的设计与细腻的手工，配合顶级的软呢面料淋漓尽致的表达了设计师卡尔 · 拉格菲尔德对美丽的想法。雪纺发带上的肉粉色和粉蓝色茶花让人一眼就辨认出高贵典雅的夏奈尔。

雅致和优美是夏奈尔 2005 年春夏高级女装给人的第一印象。夏奈尔一直以来所秉持的经典形象，通过细节的变化给人清新的视觉享受。羊毛针织套装，从中间向两边扩散的色彩渐变，凸现女性纤细修长的身材，腰带的点缀使上下身的比例更加协调。及腰桶型上装则是经典夏奈尔套装因素的变形和借用。优雅的短发向内卷曲，加上纯白色的发带、纯白色的胸针和腕饰，展示出青春派的纯洁和宁静。

伊夫 · 圣 · 洛朗 2003 年秋冬成衣品牌广告。墨绿色丝绒外套，在腰间系上缎面蝴蝶结，及膝翠绿与鲜红雪纺裙，绿色墨镜，宝蓝色丝巾，黑色胸衣与网袜，封建式复古与颓废华丽的融合。鲜艳的色彩，浓烈的妆容，20 世纪 70 年代的盛世与 21 世纪的时尚碰撞出性感撩人的火花。

伊夫 · 圣 · 洛朗 2004 年春夏成衣发布。浅浅的粉蓝低胸套装，上衣是效仿男士半正式无尾晚礼服的剪裁，上围宽松笔直，下围用带钮扣的腰带收紧，长度及臀。裤装则是成放射状的裁剪，上宽下窄在膝盖处缩紧。加上浓浓的烟熏妆与夸大的蓬卷发型，呈现的是伊夫 · 圣 · 洛朗刚柔并济的摩登形象，表达了女性性感而充满都会时尚的精神。

2003 年秋冬伊曼纽尔 · 温加罗的成衣广告。轻薄的雪纺搭配柔软的毛皮，这种强烈的质感对比通过不同层次的灰色组合而柔化。透明的波形折边，使紧裹双腿的弹性裤袜仿佛是上身雪纺的蔓延，融为一体。头部剪影的巧妙运用，则增加了整个画面的层次感，朦胧的飘逸长发使人产生视错觉，好像羽翼般衬托出主体，简单而不俗。

如温加罗对女性的定义一般，伊曼纽尔·温加罗2002年春夏高级女装一如既往的呈现出女性的精致璨然，性感而不俗套。绘画与东方风情再次成为温加罗的灵感来源，在洋溢东方神秘情调的场景下，日本和服式的上衣与中国民族味的褶裙的结合，大量的花卉配以鲜艳的用色，展现的是女人如花般的娇美。

贝博洛斯2002年春夏从印第安文化中撷取灵感的作品。主色调是柔软、温暖的大地色系，麻质上衣、衣领上镂空编织带的装饰、胸前长长的流苏、腰间的皮编腰带配上小羊皮软靴，强调印第安特色和大自然的纯真。直发被故意拨弄的十分凌乱，表现出桀骜不驯的奔马般野性，眼部眼影加强了深棕色，是刻意制造出印第安女郎立体的五官的效果。

贝博洛斯的品牌形象总是如此年轻有朝气，上好的面料和实用的剪裁是贝博洛斯畅销的重要因素。裸露的上身直接穿上露背的合体背带裤，搭配短沿帽、黑墨镜、清爽的短发，流露出中性化装扮特有的性感和帅气。画面右半边梦幻般的粉色调，增添了活泼、愉悦的气息。

不同国籍、不同肤色的青年男女相亲相爱的拥抱在一起，统一的灰色内衣加橙、淡黄、天蓝、苹果绿、粉红、深红色款腿长裤，打造了充满爱的贝纳通色彩联合国。同样是以和平与爱为主题，与以往备受争议的那些广告相比要平和的多。

简单的基本款搭配出希思莉的性感风貌。左边是细吊带超短背心，露出紫红色细吊带文胸，将视觉集中在胸前，下身搭配水洗超短裙。右边的紫色短背心故意穿得皱皱的，露出更多的腰部，与超短牛仔裤相呼应。带长流苏的黑色项链有拉长颈项的效果，黑色方形带扣的腰带是对墨镜与项链的回应。

多尔切与加巴纳2004年春夏的广告展现了其一贯的浪漫与性感，突现其意大利式的热情。鲜艳的色彩、烂漫的各式印花、波西米亚风情流苏与低胸衣裙、迷你短裙、华丽的钉珠外衣的极致组合，不吝露出模特修长的双腿的多尔切与加巴纳更让她们穿上花朵图案的丝袜，与纷繁烂漫的时装相映成趣。

皮草一直是备受多尔切与加巴纳推崇的，2005 年秋冬的这套时装也不例外。白底黑点的长绒毛皮大衣镶上了栗棕色意大利风格的门襟和克夫，提升了整体高贵感。半透明的雪纺衬衫配丝绸门襟和立领，领圈上的褶边与金属钉口形成刚与柔的对比混搭。方形的金属皮带扣与故意做旧磨破的牛仔使整个形象顿然野性起来。黑色帽子上的金属装饰与金色镶蓝色宝石的十字形耳环作为点缀，与皮草的华贵相得益彰。

2003年范思哲品牌选中了克莉丝汀 · 阿奎莱拉作为品牌代言人，这是名牌与明星的超级组合。克莉丝汀 · 阿奎莱拉劲爆的舞台造型给范思哲带来了许多灵感，而范思哲品牌为其打造的这一造型也让人眼前一亮。白金色的长发，迷离的眼神，敞开的摇滚风格淡紫色皮装和腰带，别样的性感、前卫和不羁。

玩味色彩是范思哲品牌的拿手好戏。款式简化到不可在简的单肩带弹力迷你连衣裙，通过大面积的几何色块呈现了女性姣好的曲线，深砖红色被安排在腰、臀部位作为强调。肩带上的小色块与裙身的大色块成点与面的联系与呼应。略显凌乱的亚麻色及腰长发、浓重的烟熏眼妆和夸大的圆形金色耳环，使整个造型倍增成熟和性感。

渐染的长裙采用圆弧的剪裁构架，使裙摆前短后长，恰好露出修长的双腿。红褐色印度男式腰带束住纤腰，也便于行动。红色绑带高跟鞋与裙子上的梯变色彩相辉映。背景墙、地板、床和枕头都印着巨大的芬迪双 F 标志，一目了然。

芬迪2003年秋冬的作品依然运用其招牌式的皮草和真皮，并采用高科技设计缝制技术。金属色泽的银蓝色皮背心用几何线剪裁，像盔甲一般罩在棕色毛皮短大衣外。一步迷你短裙配过膝高跟窄筒长靴。厚皮草塑造的庞大体积与短小、薄而光滑的皮革的对比反差，展现出冷硬摩登的女战士形象。

酒醉的女郎慵懒的依靠着一袭深褐色西装的男士。橘红色连衣裙的肩带松垮的从肩头滑落，凌乱的秀发，手中无力的领着一双系带银色高跟鞋，性感永远是古奇的主题。

英伦维多利亚王朝与法兰西帝政风格是2005年秋冬古奇的灵感来源。中性的军装造型配合拿破仑时期的法式立领中长大衣，通过加宽的腰线分割，形成茄克与短裙的错觉，改变了传统大衣结构上的素净，使其更为硬朗而富有变化。左肩及臂和右下摆的黑色玫瑰花型刺绣为霸气的时装增添一份阴柔。黑色窄裙加鳄鱼皮长靴，展现了冷冽的气质。

克里琪亚的广告。伶俐的短发加一身皮装，英气十足。细腻柔滑的肌肤与硬挺的皮革形成剧烈的质感对比。覆腊处理的皮革上装，敞开的衣襟形成深深的V字形领线，两侧的压褶让生硬的皮革富有变化。正方形扣环的宽腰带是极富特色的搭配单品。

克里琪亚2002年春夏发布的成衣。色泽柔和的咖啡色丝绸上装和闪亮的珠片短裙的线条干净利落，落肩的宽大衣身和袖口完全遮蔽了身体的曲线，却遮不住超低领线和高开衩带来的性感。克里琪亚的简洁路线，就连头发也齐整的归入了棕色的发带。

ROMEO GIGLI

虽然看不到礼服的细节，仅仅是那一抹半透的黑纱、细致的侧脸、圆润柔滑的颈背已经在柔和的光晕下流露了罗密欧 · 吉利高级时装的内敛与高贵。

罗密欧·吉利的男装儒雅却不古板。窄小的驳领止于胸围线以上，无袋盖的口袋设计、用拉链代替钮扣、合体的收腰，为经典的细条纹套装频添了休闲时髦的气质。

米索尼的梭织礼服同样精彩。饱满绚丽的柠檬黄、中黄、大红、浅蓝、深褐色构成的几何图形，是米索尼热烈奔放的杰作。极细的肩带、胸前的蝴蝶结以及大块面裸露的上身结构，都展示了意大利式的性感与热辣。

米索尼2005年春夏的作品。米色工整的短袖齐腰茄克是合身贴体的，低胸连衣裙上湖蓝、嫩粉红、棕黄、宝蓝、米色组成的米索尼标志性的山形图案层层叠叠，较深的棕黄色被安排在腰腹部，使腰线更纤细，紧挨着的对比的宝蓝恰好在茄克下摆线以下，两者的配合强调了腰线，成为视觉的另一个中心。红、黄、白色以及透明色嬉皮格调的项饰，在颜色上与整体的色彩形成了极大的反差，展现了优雅女性俏丽的一面。

普拉达高级成衣广告。右边的大背光映衬出一个优美的剪影和透明塑胶材质的透明雨衣，这是 2002 年秋冬普拉达最具代表性的款式，不得不让人感叹连雨衣都能做到如此时尚和高品质。左边昏暗的灯光下是希腊雕塑般高贵典雅的普拉达，米色丝棉百褶连衣裙和小麦色肌肤浑然一体，褶皱以小圆领为中心成放射状散开，展开的袖和裙摆呼应，胸下与腰间收紧的双腰线为了拉长身体比例而设。

2005年春夏普拉达的作品。方领、圆角方形大贴袋、军装化袋盖和宽克夫，中性的深灰色绸料衬衫以及硬派的咖啡色皮带并没有使普拉达优雅的淑女气质打折。黑色雪纺衬托着孔雀羽毛缀制而成的迷你短裙道出了普拉达高傲自信的一面。珠球项链、树脂鹦鹉、机器人、帆船在色彩上与孔雀羽相辉映，同时也增添了几分童趣。

阿玛尼 · 卡尔兹的广告，层次分明的黑灰白并不影响阿玛尼展示其迷人、高贵的女性气质。颈部的绳带不但起固定作用，也是形成前胸两侧细密褶皱的关键。狭长的锥形镂空是另一个亮点，将观者的视觉中心集中在胸前。

乔治·阿玛尼在2005年春夏的作品中融入了浓郁的东方异国情调。造型独特的无沿时装帽让人联想到东方缠绕式头巾，斜襟、大环领、中袖上装将中式的平面裁剪与西式的立体裁剪合二为一，领襟袖三处黑色的盘扣以及从左肩静静垂下的流苏更是十足的中国元素，即使是面料也采用了质地顺滑、光泽柔和的丝绸。在创意和市场完美平衡的条件下，乔治·阿玛尼的异国奇想得到了最佳的体现。

在瓦伦蒂诺高级女装的这幅广告中，性感与高贵并济。蓬松的金发，梦露式的黑痣，半遮半掩的胴体，绑带的细高跟鞋，这一切都是瓦伦蒂诺的性暗示。黑白色烘托出的主体格外鲜亮，红色是热情奔放的象征。

高耸的发髻、鲜艳欲滴的红唇、光滑细腻的前额，仅仅是这些细节就已经塑造了瓦伦蒂诺式的华贵与高雅。2005年春夏精致的高级女装，黑色与银白色的强烈反差，是瓦伦蒂诺奢华的手笔。鸟羽似的弧形饰边重复于领襟、袖口和裙摆，流畅舒展的领口、袖口的开衩以及裙后摆的高开衩，同一元素的反复增强了整体感。上衣复杂的抽象线性装饰和下装简单的裙边修饰是繁与简的对立与统一。

GIANFRANCO
FERRE
Boutiques
New York
845 Madison Ave at 70th Street
Washington DC
5301 Wisconsin Ave
Beverly Hills CA
270 North Rodeo Drive

VOGUE FEBRUARY 1995 31

詹弗兰科·费雷的广告。别出心裁的用真人和背景墙搭出仿真的杂志扉页效果，乍一看还真能以假乱真，倒是周围的树叶、枝干解了围。以表现女性魅力为宗旨的费雷晚装，素净纯洁的白色掩饰不住性感的曲线。上身是有着流畅曲线的抹胸，下身是单片包缠式长裙，前侧的分衩和倾斜的裙边打破的整体的宁静感。帝政式的高腰线拉长身体比例，使双腿显得更修长。头上有巨大的树叶状装饰，填补了背景墙的空白。身体右侧的文字则起到了平衡画面的作用。

詹弗兰科·费雷2002年秋冬的作品。硬朗廓形的皮风衣，强调腰身的加宽腰带、帅性都会感的大翻领，隐约透露着成熟女性的万种风情。红色毛皮翻领是点睛之笔。

爱使普利年轻休闲路线的品牌广告，拥吻的热恋情人，东倒西歪的牛筋底高帮鞋和皮靴，随手丢在地上的衬衫和毛衣，棉料的工装裤松垮的卡在腰间，露出臀部的弧线，展现的是年轻人的热情和随性。

爱使普利成衣的广告。渴望的眼神和漠视的神情形成猛烈的撞击，为了表现身着爱使普利的女性的自信和高傲。黑色深 V 领斜襟连衣裙两侧的抽带是主要的设计点。

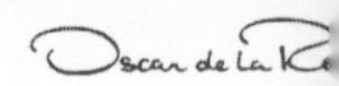

奥斯卡 · 德拉伦塔的时装大片。油画的布局和浓烈的色彩演绎了 21 世纪的宫廷贵族。不论是飘曳的拖地长裙、简洁的一步吊带裙，还是布满褶皱的钟型裙，都展现着美国式的风雅。

奥斯卡·德拉伦塔2002年秋冬发布的作品。斯拉夫毛帽是目光的焦点，领口和袖口的毛皮与之相呼应。橙红与墨绿相间的圆形腰饰是视觉的另一个停顿点，打破了大面积深褐的暗沉，也使宽大不显腰的大衣显得不那么臃肿。暗红色皮靴是对腰带上红色的回应，协调了整体的色彩平衡。领口、衣襟、袖口和下摆的大面积刺绣，散发出浓郁的异国气息。

比尔 · 布拉斯2003年春夏发布的作品。红橙色的对比变化，丝绸衬衫上钟形袖的细密抽褶从肩部一直延伸到前胸，袖隆线与公主线融为一体，增添了变化。下身搭配斜条纹及膝裙，上衣轻轻束入裙腰，延续品牌一贯明快休闲的风格又不失优雅。

合体剪裁的三粒扣小礼服，选用高品质的黑色毛涤混纺面料，窄小的西装袖、一步窄裙，加宽、加深的圆开领，白色的过肘手套皱皱的堆积在手腕处，里面穿一件黑色低胸雪纺吊带衫，增加了色彩的层次感，圆形的帽子充满了形式感，而白色螺旋形帽饰更是点睛之笔。这是比尔 · 布拉斯将优雅、经典与时尚糅合而成的古典风格杰作。

卡尔万 · 克莱因品牌牛仔的广告。不知是被雨水还是汗水浸湿的衣衫贴在身体上并粘着草叶，卡尔万 · 克莱因 · 牛仔用最直观的方式表达了其品牌休闲、舒适的宗旨。

卡尔万·克莱因 2005年春夏的作品。简洁的希腊雕塑般的线条，柔和的矿石色调，运用顺畅的弧线与自然的身体比例塑造出简约优雅休闲的女性形象。袒胸大圆领背心连衣裙与中袖背心的组合，添加了层次感。

纯净的白不等于单调乏味，在这则广告中里兹 · 克莱本用全白色纯棉面料打造了一个多变的时尚派对。半透的镂空花边镶在胸前或肩袖，裙边加上优雅的百褶边或是双箱裥裙配波浪形裙边，背心的领、袖、下摆也统统加上花边，顿时将中性化转为女性化。

里兹 · 克莱本的广告。微黑健康的肤色，饰着七彩逼真的玫瑰的嫩黄色草帽掩在胸前，豆绿色棉织热裤的裤腿卷起，裤腰翻折下来，左手拇指随意的插在裤腰里，仿佛一下子将人们带到了有着热烈阳光的沙滩和海岸。

拉尔夫 · 劳伦女装的广告。经典的黑色礼服，胸部包缠式的设计手法使女性的优美曲线更加分明，体形更加挺拔。精心挽起的黑色长发，柔亮的珍珠耳环和项链都是为了突出女性完美的颈项。画面左下角的黑色与金色相间的铸铁扶手使画面饱满，加上整体的香槟色调和柔和的光影，尽显拉尔夫品牌线女装的高贵和优雅。

拉尔夫·劳伦2004年春夏高级成衣奉行着不让生活复杂化的生活哲学带来优雅的运动风貌。细直条纹的棒球茄克上装配及膝一步短裙，黑色的圆领开士米针织衫和黑色长筒袜，将运动的硬朗与女性的柔美相结合，色彩干净分明，剪裁简单流畅。

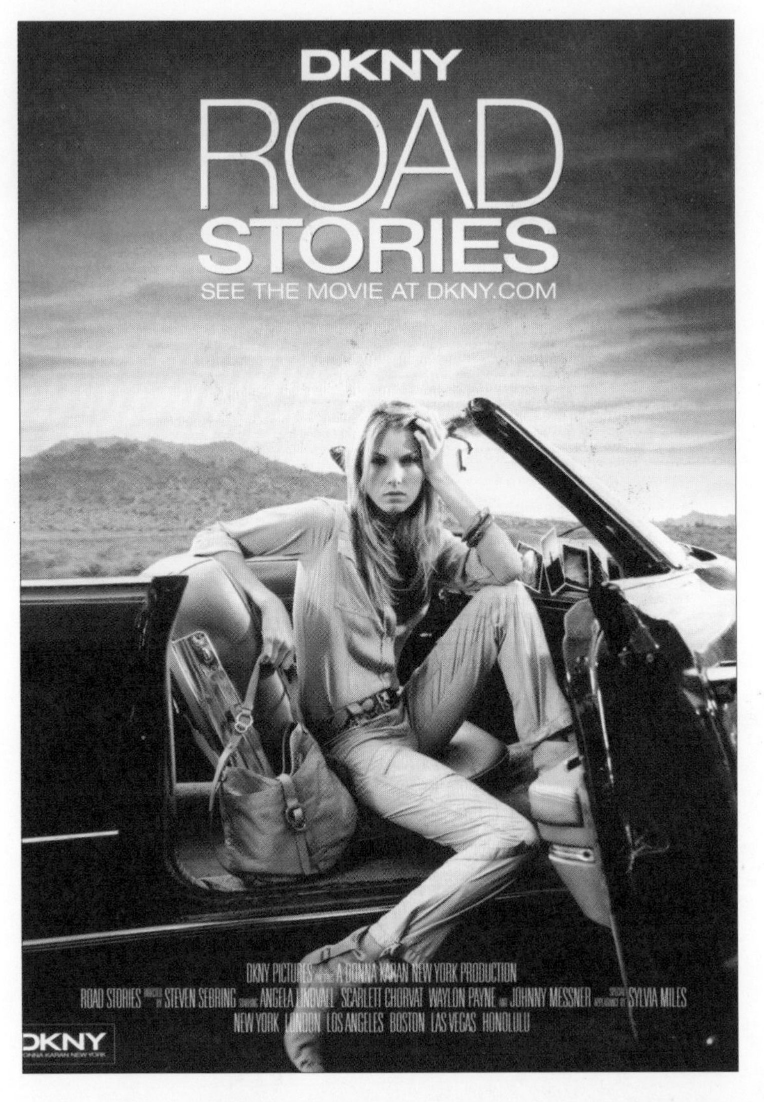

唐娜 · 卡兰 · 纽约“公路旅行”主题广告。远山映衬着黑色的敞篷车和一身唐娜 · 卡兰 · 纽约（DKNY）成衣及配件的女性，舒适随性是它要传达的思想。唐娜 · 卡兰惯用的易搭实用的色调，自然的卡其色丝质上衣挽起袖口，同样质地的合体低腰裤，系上蛇皮腰带，同色系的鞋、包、手镯，就连发色也是如此统一。这就是唐娜 · 卡兰 · 纽约的简约时尚，散发着独立与不羁的都会形象。

纤细的白人少女形象、刻意散落的棕黄色长发、酒红色唇膏，尤其是那一顶饰黑色绸带的宽边呢帽，让人联想到玛格丽特・杜拉斯自传体小说《情人》中少女。绸缎、乔其纱和丝绒构成了黑色调背心式连衣裙的层次感。归属于LVMH集团给唐娜・卡兰的设计风格带来一丝烂漫气质，但透过熟识的简练，依旧散发着纽约的时尚精神。

柏帛丽的广告。柏帛丽从女装到男装甚至于童装在风格上都是出奇的统一，英国式的优雅和宁静，精良的裁剪和缝制。用水彩画的手法让艳丽的玫瑰更加浓重，与黑白灰调的主体形成反差。花繁叶茂的花园，藤编椅及小圆桌，一杯下午茶，营造了英国式的舒适闲暇。

2005 年秋冬柏帛丽打造的花样美男。招牌式的柏帛丽格子和带肩章的防水披风，传承着柏帛丽最初的理念。鲜嫩的苹果绿围巾、红色 PVC 材质的胸花和红色丝绸领带，使英国严肃的绅士气派显得年轻俏皮，老派的手杖和时尚的墨镜也形成了强烈的对比。这是经典与时髦的冲撞与糅合。

保罗 · 史密斯2002年的作品。黄色针织开衫外套一件卡其色棉布衬衫，无数混杂的红、白、卡其色和黑色毛圈作为饰边的双向荷叶褶边装点着衣襟是视觉的中心，胸前两个黑白条纹小蝴蝶结和星星点点的小草莓花是小女孩儿的幻想。红、黑为主色的圆形颈饰与衬衫上的色彩呼应。米白色与黑色为主的花边发带增添了性感、甜美。

茂盛油绿的草坪取代了传统的T台成为2005年春夏保罗・史密斯高级成衣的发布场所。清瘦的模特穿着中性特质的鸡心领毛衣和合体上裤，隐约散发着纯真的女孩气息。缤纷的条纹没有丝毫零乱感，这是保罗・史密斯最经典的图案。印花衬衫袖口翻起，弧形下摆恰到好处的露出一段，起到了上下分隔的作用，眼花而不缭乱。

维维恩 · 韦斯特伍特的女装，膨松的上衣造型，超大夸张的平翻领垂皱在胸前，露出大片白皙的皮肤。超短紧身裙配黑色丝袜和粉色高跟鞋，脚踝处缠绕着密密的黑色丝带，所有细节都符合了韦斯特伍特“性感即时髦”的设计观。

2005年春夏韦斯特伍特的作品。有尺度的裸露是韦斯特伍特对性感的表达方式。立体剪裁的连衣裙和背心有着解构的痕迹，刻意的安排都显得很随性。看似无序的裙衣结构在条纹的掩盖下显得井然有序，可见韦斯特伍特老辣的设计功底和朋克的潜意识。

雅格斯丹的细条纹毛料套装，一尘不染的白衬衫、黑皮鞋外加一柄手杖，带着一脸严肃的表情端立着的雅格斯丹先生代表的是英国绅士风度，胸袋中的红帕无疑打破了这种拘禁的气氛，绅士和时尚并非矛盾。

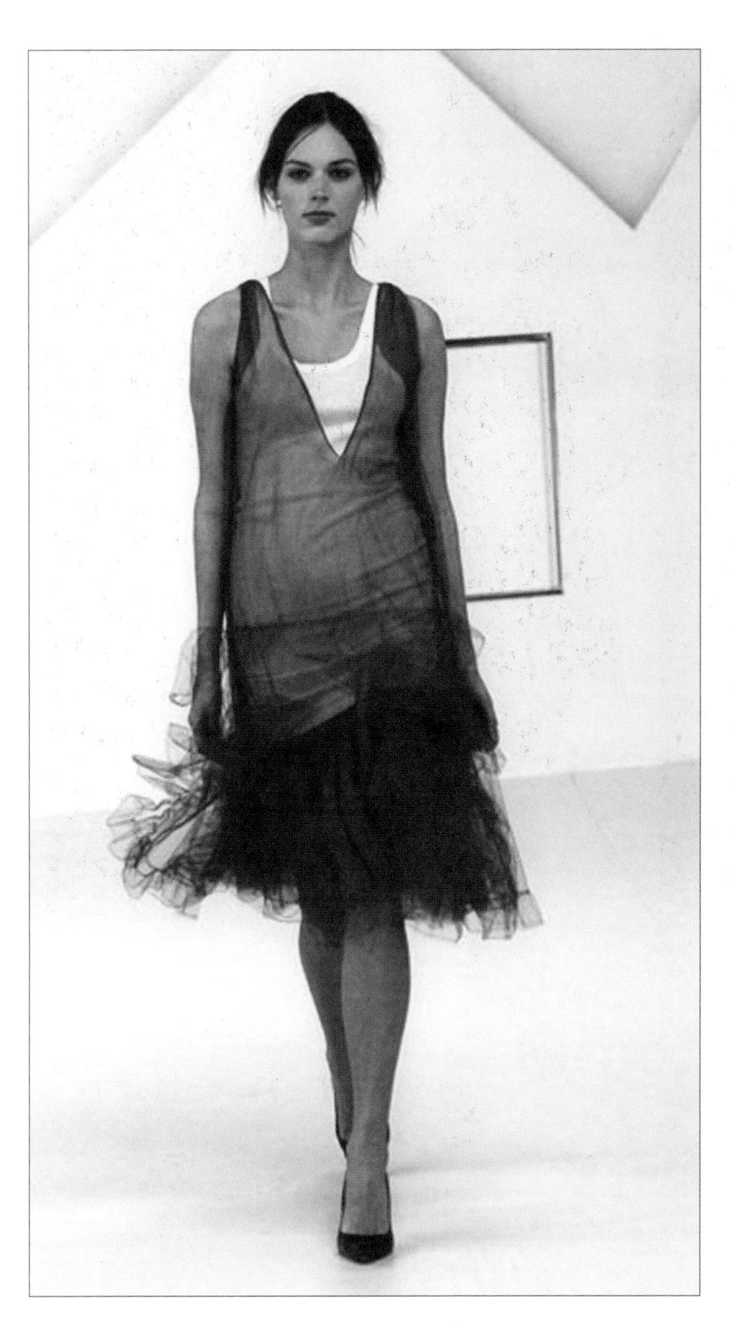

雅格斯丹 2007 年秋冬发布的高级成衣，百褶裙、加长的白色背心和酱红色纱质裙构成的多层次的混搭风貌，有些嬉皮又不失优雅。

耶格洗练、优雅的职业装扮，黑色镶白边连身裙和风衣的简单组合，因为黑色夸大的项链、红褐色露趾高跟鞋和大挎包而显得不俗，既干练又不乏女人味。

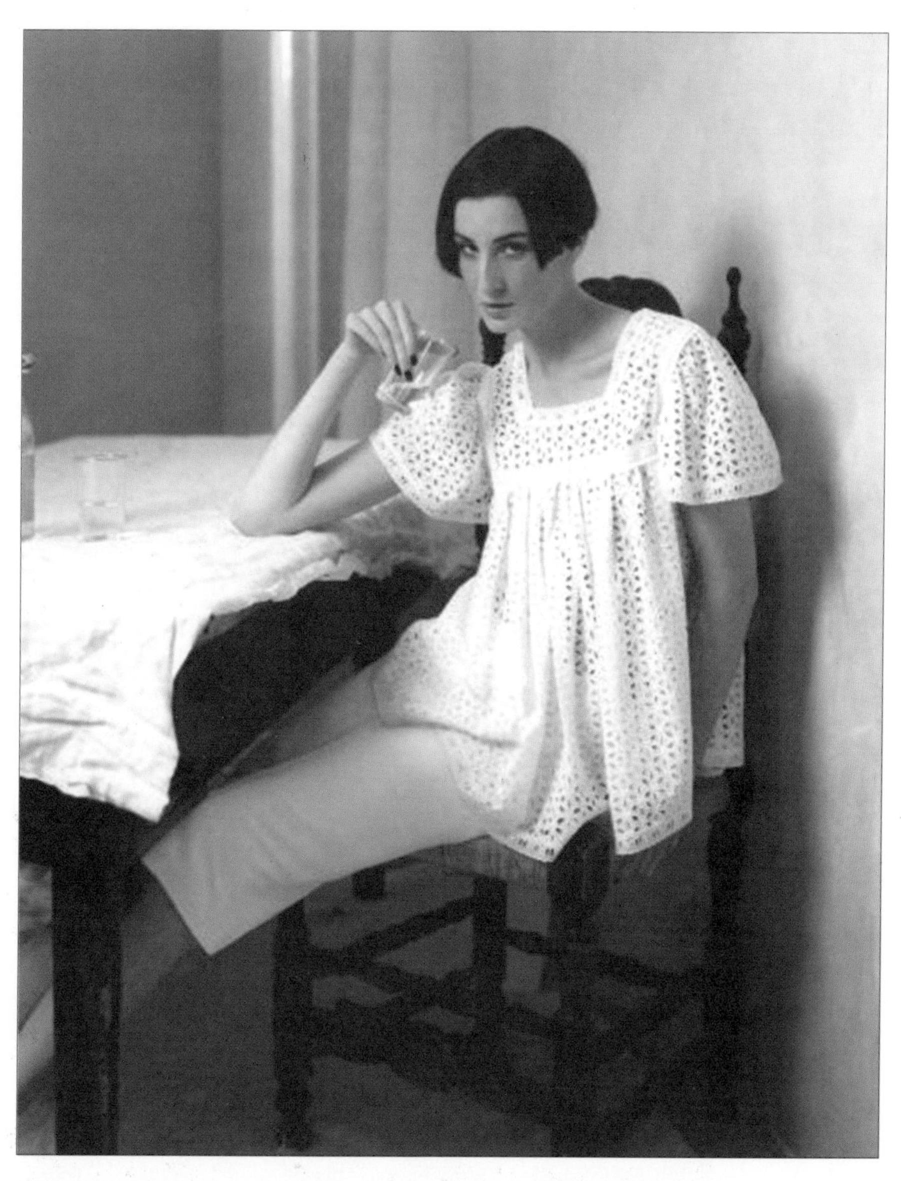

满是镂空花的棉布小上衣，腰线提升到胸线以上，抽褶的泡泡袖和像裙子一样放开的抽褶的衣身，方形领口的下领线和胸前的拼缝线平行，使整体协调。素净的短直发露出光滑的额头，倍增稚气，展现的是新时代的男孩子风貌。

约翰 · 加里阿诺是名副其实的“时装魔术师”。2004年秋冬的发布会上，巨大蓬裙用色彩各异宽窄不一的条纹面料与印着吉普赛民族艳丽图案的面料拼接而成，冷色与暖色的强烈对比格外强眼。咖啡色印花外罩式连衣裙只在腰部系扣，更突出了浪漫主义时期的X廓形。铝制可乐罐与塑胶矿泉水瓶做成的发式高耸着摇摇欲坠。夸张混乱的设计元素杂糅在一起，形成了戏剧化的约翰 · 加里阿诺。

约翰 · 加里阿诺 2002 年秋冬的时装发布。粉红、玫红、黄、蓝及绿色条纹粗毛线衣要是少了毛线绣花和调皮的毛球点缀，就不是约翰 · 加里阿诺了。而斜挎包和骑兵帽的搭配表现了他一贯的混搭作风。

2005年秋冬三宅一生的作品。军装风貌的毛呢大衣，双排扣、腰带和用扣子固定的领角塑造的是紧的氛围，穿过肩章搭在右肩的附加面料前长至臀围线以下、后垂荡至小腿肚，略长于大衣下摆，借用扣子和腰带固定出自然、随意的皱褶，展现的是松的状态，达到了形式对比而色彩统一的效果。袖襻设计成缠绕的绑带，与衣摆下露出的系带护腿又形成了色彩对比而形式统一的概念。

三宅一生2002年春夏的发布极好地展示了其大胆而富有幻想的设计理念，五彩缤纷的条纹或横或竖，简单干净却也发挥到极致。小圆领、一字领T恤、直筒及踝长裤，最简的结构在跳跃的条纹的烘托下显得活跃起来，配上头发上的绿叶装饰让人感受到花团锦簇的丛林气息。

山本耀司2005年秋冬的这一款设计展现出浮华的罗曼蒂克气质。设计师一改往常纯黑的色调，选用了色彩鲜亮的桃红作为主色与黑色形成对比。廓性依然是宽大而不显身形的，借用夸大的平贴领和粉红与深桃红的大朵蝴蝶结缀饰体现了女性的柔美，沉静的黑色夹里若隐若现，起到了色彩的协调和稳定作用。黑色调的中性皮鞋上也添加了桃红色条纹，与上装相呼应。

这是融合了阿迪达斯的运动精神以及山本耀司的设计创意的Y-3。基本款的无袖圆领背心采用的面料是含有莱卡的弹性面料，连同哨子、皮腕饰和Y-3运动鞋附和着运动的主题。白色的半透明长裙上印有阿迪达斯经典的三条线标志，因为腰间的碎褶，三条直线随着裙子的舞动呈现出不同的状态，这是时尚与运动的绝妙组合。

2004年秋冬的“像男孩一样”展现着对爱德华王朝和维多利亚女皇时代的迷恋，用超现实的手法表现古典韵味。其重点之一是重新演绎了川久保玲的经典黑色茄克，夸大褶皱的羊腿袖，不对称的前襟故意造成错位的错觉，裙装也刻意将拉链敞开改而用松紧带固定，形成不合体的错觉，加上刻意偏移的红唇，使整体显现出冶艳的怪诞。因为大量褶皱的存在，黑色的塔夫绸在灯光下显出强烈的层次感。

黑色的运动背心、白色尖头系带运动鞋和灰、百格子丝锻套装的组合是都会运动风貌的“像男孩一样”。上装采用立体裁剪的方式达到了最佳的收腰效果，并使前领襟打开，突出了胸部。高高耸起的黑色蘑菇状假发给人巨大的视觉冲击。

小筱顺子在北京发布的日本和服的改良设计，在配色与图案上保留了传统的优雅意境，泛紫的金色腰带在身后系成大蝴蝶结饰，和服下半身采用西式的剪裁方法在腰间作了两个大的褶裥，这是对于举步维艰的传统和服结构的维新。

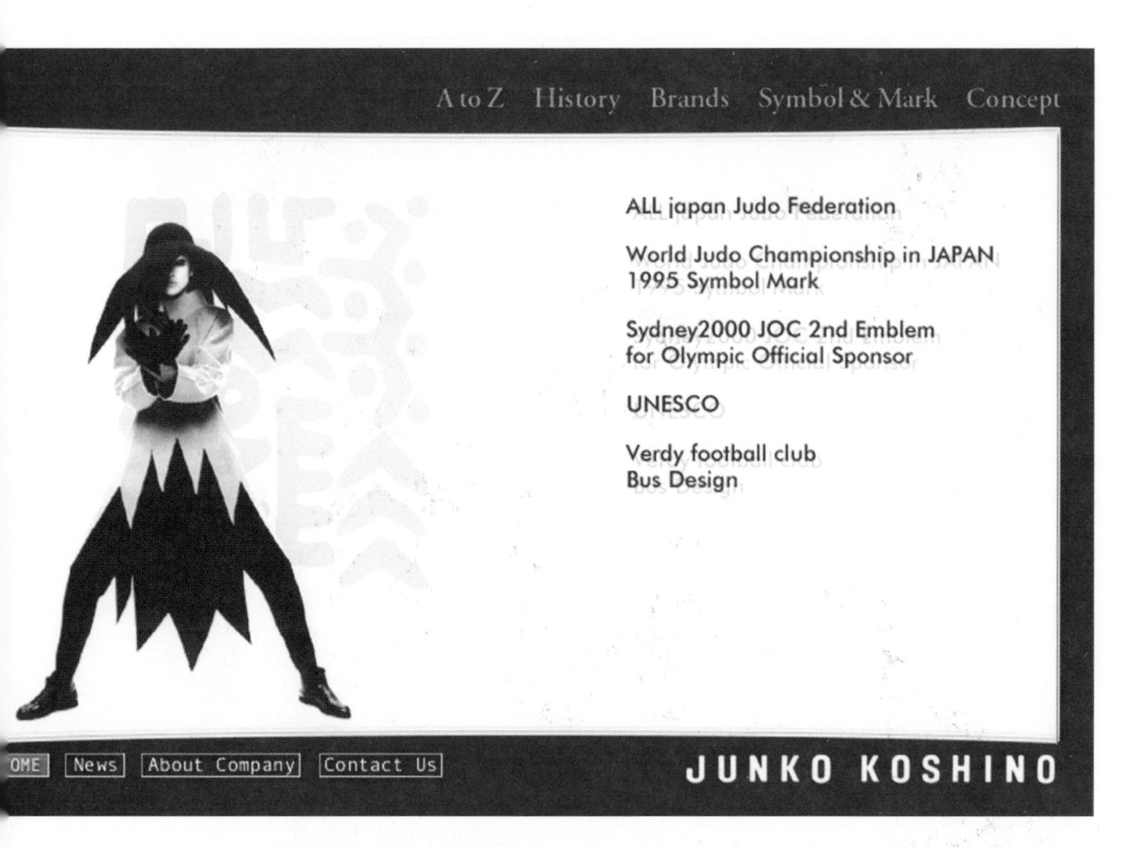

小筱顺子常用的纯色块和黑色不单表现在服装上，也出现在她的品牌网页里，为平衡的造型带来冲击。尖锐的锯齿边缘极富戏剧色彩。除了服装，小筱顺子曾经还为运动赛事和运动俱乐部设计徽标、为巴士设计车身图案等。

风格明快、功能性强是埃斯卡达的高级成衣的设计宗旨。2004 年秋冬的这一系列采用了易于搭配的米色和咖啡色为基调，飘逸的晚装长裙搭配毛料大衣和帅气的贝雷帽，无袖的短裙装束配超长的围巾，修身长裤搭配毛皮领长大衣，硬朗精干的皮革套装配细跟凉鞋，埃斯卡达率性地将实用和时尚结合在一起。

埃斯卡达将莫奈的《睡莲》再现于他的高级时装。用成千上万的丝线和珠子手工缝制而成，朵朵莲花作出立体的效果，使整条裙子富有明晰的肌理感。色彩从蓝紫逐渐向下过渡为蓝绿色调，裙下摆优雅的向后延伸开。

波士的中性化套装。两粒扣的窄袖合体西装上衣选用的是极为男性化的枪驳领，西装裤是加宽的高腰宽裤腿结构，腰间的缎带简单的打了个结，柔化了整体硬朗的外形。

波士2001年秋冬发布的作品无论是色彩还是结构，都体现了设计师吉尔·桑德所崇尚的极简风格。大衣选用垂顺骨感的面料，用最基本的剪裁方式、精良的缝制工艺制作而成，落肩宽袖，袖子加长到仅露出手指，胸腰省道一气呵成，停止在腰线与臀线的二分之一处，形成上下宽松，中间收紧的沙漏外廓。两个黑色圆形扣点缀在领口与腰间，左胸倾斜的长方形袋盖和右边的钮扣几乎构成正三角形，起到了平衡作用。

第三章 服装强势品牌的要素分析

徜徉于时尚世界，个性鲜明的服装名牌让人心醉神往。但是，任何一本书想要包罗所有服装强势品牌似乎都有难度，作者的本意并非只是让读者孤立地了解58个国际服装品牌，还有进一步将它们加以联系分析以抽象出有关服装强势品牌的通用理念的打算。当我们将一只脚跨到名牌之园的槛外，抑制住名牌带来的兴奋和刺激，理智告诉我们，名牌不是万金油可以随便冠用，服装强势品牌有着自身必备的素质。

那么：
名牌之中还有无层次之分？
强势品牌谁去消费使用？
名牌服装均出自大师之手？
名牌服装都由高档面料制成？
到哪里去买名牌？
为什么名牌容易得到消费者的倾向性认同？
一朝成名牌，终身算强势？

笼统而言：
凭什么可以称作强势品牌？
怎样判断是否名牌？

一、服装强势品牌的类型分布

同样是美国著名品牌，一件里兹 · 克莱本的T恤只有约50美元，而唐娜 · 卡兰的套裙标价却往往在3000美元左右。如此看来，强势品牌当有层次归属。

按服装产品的设计和制作属性将服装品牌分为不同类型的做法，首创于法国并得到世界的趋同。在法国，服装品牌有三类：高级定制服装(HAUTE COUTURE)、高级成衣(COUTURE READY-TO-WEAR) 及成衣 (READY-TO-WERA)。

高级定制服装 (HAUTE COUTURE，因为以女装为主，又称高级女装) 的名称受到法律保护而不能任意采用，某一品牌要成为高级女装必须向法国工业部下属一专业委员会 (高级女装协会) 递交正式申请并符合如下条件

1、在巴黎设有工作室

2、参加高级女装协会举办的一月和七月的每年两次的女装展示

3、每次展示至少要有75件以上的设计由首席设计师完成

4、常年雇用3个以上的专职模特

5、至少雇用20名工人

6、每个款式服装件数极少且基本由手工完成

最后，经审定合格才能获得高级女装称号。高级女装也不是终身制的，需两年申报一次，审查不合格即取消高级女装资格。高级女装出现于18世纪的沃斯 (WORTH, 英籍法国高级女装设计师) 时代，极盛时有数百家，到20世纪90年代后期，只有18家品牌有此荣耀，除本书收集的皮尔 · 巴尔曼、皮尔 · 卡丹、卡纷、尼娜 · 里奇、让 · 路易 · 谢瑞、纪梵希、纪 · 拉罗什、伊夫 · 圣 · 洛朗、伊曼纽尔 · 温加罗、克里斯汀 · 迪奥、克里斯汀 · 拉克鲁瓦、夏奈尔、森英惠、路易 · 费罗外，还有勒科阿内 · 埃曼 (LECOANET HEMANT)、帕科 · 拉巴纳 (PACO RABANNE)、拉比杜斯 (LAPIDUS) 及多浪迪 (TORRENTE)。

成衣 (READY-TO-WEAR) 是机器生产的规格化大批量的服装，它起始于美国，直到本世纪中叶，它还被认作是低劣服装的代名词，20世纪60年代后，它才得以登堂入室，而这一结果当归功于高级女装与成衣间的中间层次——高级成衣 (COUTURE READY-TO-WEAR) 的出现。当时，法国著名设计师皮尔 · 卡丹和伊夫 · 圣 · 洛朗等人认为成衣中同样可以融入艺术创造性，他们将这种高级女装的设计特性与成衣的生产特性组合称为高级成衣，并成立了高级成衣创造者协会与高级女装协会同道相争，由此也带动了成衣业的迅猛发展。在书中所列法国品牌中，如高田贤三等均为高级成衣品牌。

意大利等其他服装强国采用了与法国相似的品牌归类分法，只不过将类似高级女装的服装称为高级时装。第一章中每个名牌的“品牌类型”档案栏目即依此分类。在以上三种类型品牌中，第一层次的高级女装或高级时装以及第二层次的高级成衣几乎都是强势品牌，书中列举的国际名牌大多属这两类，在第三层次的成衣中则是名牌与伪名牌相杂，如贝纳通、柏帛丽等算是成衣中的强势领导。

要著名得先有名，按品牌名称的来源，强势品牌有设计师名牌和商业名牌 (包括生产商、销售商创建名牌) 两类。

设计师名牌与创牌的著名设计师有密切关系，因人望而得名牌，如法国的夏奈尔及高田贤三、意大利的范思哲、美国的卡尔万 · 克莱因、英国的维维恩 · 韦斯特伍特当属此类。设计师名牌多以设计师的姓名作品牌名，突现设计个性的高级女装 (高级时装) 及很多高级

成衣品牌都是设计师品牌，但是也有例外，如日本名师川久保玲的品牌就起名为“像男孩子一样”。商业名牌是因取得良好商业成绩而出名的品牌，如法国的克洛耶、意大利的芬迪、美国的爱使普利及英国的雅格斯丹等都是商业名牌中的佼佼者。有百年历史的雅格斯丹品牌更以良好的工厂订单业绩而著名于世。部分高级成衣及成衣名牌属于此类。

有时，要精确划分设计师名牌与商业名牌是困难的，因为通常设计师的职业生涯与名牌的生命周期相比可能是短暂的。如法国名牌库雷热在 20 世纪 60 年代是属高级女装的设计师名牌，但在库雷热淡出服装界久有时日的今天，除一些服装专业人员外已很少有人会将品牌库雷热与设计师库雷热联系在一起，库雷热品牌也早已失去高级女装称号而进入高级成衣层次，如此品牌算哪类似乎都可以。设计师品牌巴伦西亚加进入中国市场时干脆起名“巴黎世家”，很气派，但已淡化了与昔日的著名设计师的联想。

如果对强势品牌的要求宽容些，依品牌的驰名区域可将它们分为国际名牌和地区名牌，用种功利的方法，如能在 VOGUE、BAZZER、ELLE、WWD、W 等权威的服装报刊杂志的可能有的法文版、英文版、日文版等上找到广告和评论的大多是国际名牌（此法也是本书例选国际强势品牌的依据之一）。对那一大堆自吹自捧的品牌，最多也就抬举它为地区名牌。

二、服装强势品牌的市场定位

谁去消费服装强势品牌？换种更明确的设问则是某一类人会接受哪种服装名牌及某一名牌想卖给谁？每个精明的品牌经营者和消费者同样关注着上述问题。服装强势品牌对此更不例外。

其实，即使是本书所列 58 个国际名牌让某一区域具有相同的衣着消费愿望的消费群落全部采纳使用或某一服装名牌会进入所有社会群落的衣橱的想法作者都会怀疑是痴人说梦，事实上也无此必要。每个品牌都应有明确的目标市场，不同的社会消费群引伸出市场细分的概念。用营销学的眼光看待上述的设问，其实质就是如何通过市场细分找到品牌与目标消费群的对应关系，即所谓市场定位。

如果将上文所及服装品牌的类型归属作为既定目标，市场定位则被视作品牌经营举措成败的关键。因为市场定位的目的是建立与目标消费群有关的品牌核心价值特质，服装品牌的设计、制作、销售、形象推广及产品延伸等都将围绕市场定位展开，此步走错、满盘皆空。

欲想构作服装强势品牌，必须有明确而合适的市场定位。

第一步是找到自己的目标市场。首先得探查服装市场，然后将消费者同质归类完成市场细分，再根据自己的资源能力将细分市场排定优先顺序，最后确定目标消费群。

第二步则是对目标消费者的详细调查和分析，调查的内容包括目标消费群的职业、收入、消费习性、购物习惯、交通模式、有什么喜好、接触哪些新闻及服装专业媒体、有什么服装、常用哪些品牌及评价、想穿什么样的服装等。当然也忘不了要弄清潜在或已有竞争对手的底细。

以上调研工作可以由品牌拥有者自己做，也可以委托专门的调查公司做。即便是业绩尚好的服装强势品牌也会坚持做定期的市场研究且更重视第二步骤。夏奈尔品牌就曾为进入中国大陆花费两年多时间进行大陆市场调查。

完成上述两步骤后，第三步就是根据其结果完成市场定位，从理性功能和感性符号两大品牌特征入手，确定品牌核心价值特性原则。如服装的品类、价格、实用性和设计个性以及分销、促销等方针。以美国的里兹 · 克莱本品牌为例，它将刚工作的年轻女性作为目标消费群，以半正式女装为主要品类，注重实用性和时髦感，价格相对低廉，广设铺面，广告具有青春特色。如此品牌核心特性恰好也是消费者所关心和诉求的。

由于市场定位不同，同一层次的服装强势品牌的知名度可能会大不一样。克里斯汀 · 迪奥的名望远比同样是高级女装品牌的皮尔 · 巴尔曼大，因为后者只针对极少数时髦前卫的影星、贵族，相比之下前者的消费层面要宽很多。

消费群落的消长会促进品牌定位的变化。高级女装是法国的荣耀，它只针对崇尚贵族生活具有较高时尚品位且财力雄厚的消费者，但是，20 世纪 50 年代以后这一消费阶层正日趋萎缩，如今已不足三千人，高级女装在 90 年代初每年总计耗资约 50 亿法郎，但市场成交只有约 35 亿法郎，面临巨大的行业亏空。为此，1992 年法国工业部开始酝酿高级女装的改革方案：将认可高级女装品牌的最终决定权自服装行业协会组织收归政府工业部，以免对一些有创造力的新星产生可能的同行压制；淡化高级女装设计师与高级成衣创造者的分界；对新生的高级女装品牌在头两年只需聘用 10 名工作人员，每次发布至少 25 套创意设计；已获高级女装称号多年的品牌只需维持 15 名工作人员及 35 套设计的规模；鼓励设计师与企业家合作。法国人希望通过如此改革来维持目标消费群的规模以保证高级女装的顾客。按这样的设想，如让 · 保罗 · 戈尔捷及高田贤三等都能挤入高级女装行列。

三、服装强势品牌的设计衡量

服装设计是服装品牌重要的核心素质之一。服装强势品牌的设计有明显的风格，这种设计风格的确定来自对目标消费群的理解，它们会抓住消费群落的某一特质大加发挥，这就造成一个名牌在某一服装品类中的强势。如同为意大利的国际著名品牌米索尼以编织式的针织服装见长；如要买套裙，就得去找普拉达；若需礼服，可能乔治 · 阿玛尼更合适些。美国的爱使普利的休闲装设计很有特色，但要在它的专卖店里买正规的西套装只怕困难，还得去找切瑞蒂 1881。是这些名牌没能力设计其他品类的服装吗？这大概与五个手指各有长短道理如一。

设计的创作者是设计师，服装的强势品牌与设计师之间的关系可谓相互依存。很多著名设计师都有自己的品牌。通过名牌设计的锻炼也哺育了很多名师，如美国名师唐娜 · 卡兰就曾在名牌安妮 · 克莱因（ANNE KLEIN）旗下锻炼成长。名牌雇用名师的现象不在少数，对于有悠久传统的名牌来说，所邀名师在设计上也得遵循名牌已有的总体套路而不能过分张扬与品牌风格相抵触的设计个性。如此前提下名牌与名师方能相得益彰，否则，双方的合作只能有短暂的蜜月。著名的服装强势品牌迪奥自开创者迪奥谢世后已经历了圣 · 洛朗，波昂（MARC BOHAN）、费雷，到如今的加里亚诺已是第五代掌舵名师，但迪奥品牌优雅、华美的设计风格得以坚持和弘扬并成了迪奥的价值标志。就设计师个人风格而言，圣 · 洛朗在 20 世纪 50 年代是超现实主义的先锋，加里亚诺则是英国激进设计的青年代言人，但在迪奥，他们的设计显得内敛、雍丽。而加里亚诺在接掌名牌纪梵希后所做狂放设计因明显毁坏了纪梵希 “优雅园地” 风格导致他只作了近一年的纪梵希品牌首席设计师就匆匆而去。名牌与名师合作的形式也是各式各样，很多名牌习惯于长期与某一设计师签约，如夏奈尔之于拉格菲尔德；有的名牌会频繁调用当时最好的设计师，如克洛耶就是如此以致有“变色龙”之称；还有的名牌只是订用名师的设计图稿及意图。了解了这些情况，对于拉格菲尔德何以能同时主持六个名牌的设计的现象也不会大呼不懂了。

并非所有名牌的设计者均出自名师之手，如埃斯卡达、爱使普利及贝纳通等根据各自的经营策略很少张扬设计的构思者，设计师或设计师群干脆隐在幕后。

名牌的设计分有明显的季节线，通常有春、夏、秋冬三线或春、夏、初秋、深秋、冬五线两种做法。在每一季节线中，按不同使用时间、地点、场合分有若干组。各季的设计总会提前 3 至 7 月完成，每季总会推出 30 套以上的新款。

名牌的设计会针对不同的销售地区作相应的调整。皮尔 · 卡丹品牌总部拿出的设计往往只注重整体风格的把握，设计的细节留给各地区分部加以填充。再说埃斯卡达品牌，法国人喜爱的黑白双色裙面料对比变化、美国人偏好的性感和鲜艳色彩、亚洲人中意的柔和色系加端庄款式，都能在当地的埃斯卡达专卖店中找到，但全球的埃斯卡达具有同一总体格调。

所有服装强势品牌的设计都有关于艺术性和商业性的平衡法。相比之下，高级女装或高级时装等被称作艺术的服装往往超越了穿用的基本功能而将服装作为表现设计创意的载体。很多时候，拥有高级女装和拥有波提切利的油画一样，被视作一种荣耀。成衣名牌的设计艺术性略差而商业性很强，但这不等于说成衣设计没有艺术性，如今的服装，其所谓艺术性已成为服装商品特质的一个卖点，将服装商品笼罩在艺术的光环下并利用人们对艺术的崇尚心理可以顺利完成服装商业行为，当然，成衣的设计艺术更加从俗。

名牌的设计，是创意、个性与时尚的统一体，其各自所占比重视目标消费者在流行传递体系中所占的位置而定。如果穿者是时尚的发起者、时髦的先锋族，是那种无所顾忌“敢穿”的人，创意的成分当多些，高级女装及高级时装的顾客正是这群人，故创意成了设计的必需。成衣的消费者大都不想因衣着标新立异而承受较大的社会群体压力，此类服装的设计更多的是对时髦的迎合。无论是哪种服装，名牌的设计都很注意使创意个性不要离时尚流行太远。自 20 世纪 50 年代以后，设计师创造指导流行的画面已离现实越来越远，设计师的作用更多的是为消费者提供合适的衣着方案以供选择。在某种情况下，创意必须向时尚妥协，名牌大师也不例外。60 年代如日中天的库雷热品牌在 70 年代就因其设计偏离流行的主航道太远而走入低谷失去了市场领导者的位置。如今，没有不重视时尚的设计师，他们会去买权威机构的流行预测再结合市场分析确定自己的设计格调。

四、服装强势品牌的材质保证

不同定位和设计要求的服装名牌必须有严格的材料及做工质量保证。

名牌是否得用昂贵的面料构成？答案是：不一定。关键在于面料必须在设计基调的控制下满足目标消费者在审美本质中的偏爱，即满足审美情趣的需要。

用华丽的面料制作名牌服装是一种很传统且保险的做法。法国的高级女装经常如此，如皮尔 · 巴尔曼及尼娜 · 里奇的礼服等。意大利名牌很多以善用精美材料见长，如芬迪的裘装、罗密欧 · 吉利的价格数万美金的珠绣长袍。织锦、天鹅绒、花缎、抽纱、蕾丝、塔夫绸及高档毛织物配以精湛的装饰工艺在 20 世纪 50 年代及 80 年代的国际名牌中属常用材料运用手段。

将普通面料运用于服装强势品牌的概念在 70 年代末被美国名牌卡尔万 · 克莱因明确表达，斜纹布等平素织物给名牌注入清秀的人间烟火气息。如此做法在 90 年代已被名牌广泛铺陈，加里亚诺及让 · 保罗 · 戈尔捷的棉布系列就让众多消费者群起趋之。

如今的名牌服装面料花样百出，各有擅长。稳重、端庄、简洁的夏奈尔套裙通常用毛料感强烈的贵重面料；迎合年轻人活泼好动性格意趣的 D&G 多用针织绒、平布、斜纹布之类取其平实朴素；卡尔 · 拉格菲尔德品牌则用丝绸等柔美布料来诠释自然脱俗；马球以粗花呢构造了美国人心目中欧洲风格 ； 雅格斯丹开发了多种新面料，现常用超细纤维作防风雨衣；古奇的皮装以经精细鞣制的猪皮革著名，其与羊皮及牛皮相比并无通常意义上的低档感。

名牌将服装材质视作身价的体现。意大利及英国的名牌甚至常将做工精良当作品质特征的标志之一加以渲染。

名牌对裁剪的版型的要求是相当严格的，相对而言，格调雅致、式样简洁的名牌对此最为看重，乔治 · 阿玛尼等即是如此，温加罗等更以独到的裁剪作为品牌号召。

在制作上，名牌对面辅料的配伍、缝合平整度、断针处理、针迹构成及钮、链等诸方面的要求都精益求精。制作的细节是否完美，是断定名牌真伪的一个简单有效的方法。

坚固虽是服装的重要因素但已不是名牌做工的必要条件。由于流行周期趋短，为促进服装的新旧换替，面料的强力和做工的牢度指标只需控制在一定的范围之内以保证服装的流行有效期内的坚牢度。今天的服装强势品牌更加注重面料的色牢度、悬垂性、弹性回复性、缩水率及吸湿性等，以期经过制作表达设计意图、提高服装的完成度。

高级女装及高级时装完全用手工制作。但制作技师后继无人已是个全球性问题，服装的手工技巧显得尤为珍贵。成衣的制作立足于大机器生产，高科技的发展使服装生产行业带有更多的科学成分，服装 CAD/CAM 辅助设计、电脑裁床、电脑控制的缝纫设备以及快速反应系统、柔性吊挂系统等在名牌服装生产中已广泛采用以达到对名牌制作质量的控制和保证。

五、服装强势品牌的销售模式

作为国际性名牌，在全球各地有分店是很正常的，但作为拥有名牌的公司想要如此铺垫销售显然鞭长莫及，因此，名牌常采用品牌许可证和代理制销售模式。

品牌许可制度是以产品生产经营许可的形式进行的。上海的贝纳通公司只是取得了意大利名牌贝纳通的生产和经营权利，在统一的贝纳通品牌格调下独立进行设计、生产及销售。

代理制是很多名牌的常用销售模式，如香港的连卡佛公司就代理如波士、埃斯卡达等名牌的亚洲销售。代理有买断代理，如爱使普利在中国大陆就采用这一形式；还有一种有限代理。代理制的进货渠道相对统一，两种代理形式的最大区别在于买断货品与可退换货品之间。买断代理的风险较大，如有些在上海设店的销路不好的名牌，要么关门，再就是常年销售陈货而无新品上市，有损名牌形象。有限代理制则有风险共享的好处，对处于新的市场试探阶段的名牌尤为合适。

名牌的销售点多为精品店（BOUTIQUE）及在高档百货店中设店中店。那些商店常处于繁华地段，每个名牌的商铺布置整齐划一并具有品牌特色，如蓝底白色的 YSL 在任一圣 · 洛朗品牌的专卖店中都一目了然。店（柜）中的营业员身着制服微笑服务，购物环境宽松舒适，装潢布置与设计风格相称相配。即便是灯的亮度及音乐的选择都经细心的安排。针对少数消费者的顶级名牌的灯光照度一般为 30 至 70LUX，而面向大众的名牌灯光会亮一些。背景音乐会根据商店地段、目标消费者的购衣习惯等进行配置。在上海，国际名牌的销售点集中于恒隆广场、中信泰富、久光城市广场、巴黎春天百货、锦江迪生商厦、美美百货、东方商厦及时代广场等处。

价格是国际名牌兑现经济效益的关键，名牌会通过对目标消费群的消费水平及价格期待等方面的综合评定确定价格数据的范围。名牌服装的价格并非一定是天价，面向刚成白领经济承受能力有限的消费群的里兹 · 克莱本价格水准自然会远低于服务于都市成功事业女性的唐娜 · 卡兰。

六、服装强势品牌的形象塑造

如果让非服装专业出身的消费者来形容夏奈尔品牌，她（他）们的回答往往不是对产品名称、符号或设计方面的描述，而是用形容词来表达她们对该品牌的印象：简洁、高雅、易于搭配、穿在很多半正式或正式场合都很合适……。这就是消费群落对品牌的总体印象，即品牌的形象。

塑造服装品牌的形象涉及诸多因素，除前文所提定位、设计、材质、销售外，广告、促销模式、POP布置、产品包装等都对品牌形象有很大影响，服装强势品牌之所以能很快让消费者产生倾向性认同，关键就是成功地塑造了名牌形象。所有的拥有强势品牌的服装企业都很注意CIS（企业形象识别系统）的建设，有些名牌已更进一步，开始了CS（顾客服务）工程。

好的广告很重要，它遵循产品卖点——感染力——刺激途径——购买欲望的构思模式，合理选择媒体，做好创意与合成，在品牌特征与消费者心理共鸣之间找感觉，既诚实又具艺术效果。纪梵希品牌有一则广告：蓝灰基调上一位身着沙龙礼服盛装的半身女性，大有19世纪法国古风，表征着纪梵希品牌的优雅品性。CK·卡尔万·克莱因的内衣广告以赤身的性感通过包括电视在内的各种媒体向传统的亚洲引起轰动。贝纳通的品名UNITED COLOURS OF BENETTON（全彩色的贝纳通）本身就是句很能说明产品个性的精彩的广告语。比尔·布拉斯绝妙的广告手段被誉为开辟了服装广告的新天地。可以这么说，每一个名牌形象的塑造都有一批与之相称的特色广告。

广告是要花钱的，但不是说花钱做广告是树立名牌形象的唯一途径。独到的促销模式也很重要。促销不全是打折和有奖销售，新闻发布是促销，赞助社会公益活动是促销，为引起轰动打官司也是促销，参与重要的服装展览展示活动搞专场时装发布还是促销，且是为名牌钟情的服装业独有的促销形式。做得好的促销可以小钱办大事，每个名牌的促销方法都可编就一本畅销书。服装强势品牌促销的高明之处在于理顺与目标消费群的心理沟通渠道，不用自夸瓜好，已将好瓜的概念在潜意识中根植下来。

每一个名牌的购物点都是该品牌形象的最生动也最具体的说明。购物点展示是展现名牌形象的第一和最后机会，名牌都有个性鲜明的海报，有引人入胜颇有新意的能反映时尚、季节及商品特色的橱窗展示及货品上架陈列。

产品外包装及购物袋是名牌的流动广告，又是名牌形象的缩微景观，还是名牌文化氛围的有机组成。皮尔·巴尔曼的购物袋上几乎是一片空白，只有在近底部有一行与品牌标志一样的浅底深字，一如其雅致雍丽的品牌形象。卡尔万·克莱因牛仔的外装袋则曾经是雄性公牛迈克尔·乔丹打篮球的图案。

七、服装强势品牌的产品延伸

中国人有句俗话：三十年河东，三十年河西。面对以喜新厌旧为基本特征的时尚，名牌一不小心就会失去已有的强势而成流星状态，一个强势品牌欲永占市场领导者位置，就必须利用品牌伞效应进行产品延伸以延长生命周期，书中所录国际服装名牌中有些也曾跌入低谷，但它们成功利用产品延伸又再显兴旺。

服装强势品牌产品延伸的表现之一是利用名牌效应进行服装品类的拓展。大如男、女、童装间的互动，马球本为男装，后延伸出女装拉尔夫·劳伦；纪梵希开始时以女装著称，后又发展出男装；克莱本品牌男装则是利用里兹·克莱本女装品牌的名气推广而来。小到具体如晚装、半正式服装及便装间的延续，如三宅一生与三宅一生运动系列；比尔 · 布拉斯与运动的布拉斯等。再细分就是某些具体品种服装的名牌优势的借用，如古奇的皮制品大名鼎鼎，如今开发的时装也豪华不减；芬迪则将裘皮服装的名望移罩到时装上。

服装强势品牌产品延伸的表现之二是细分市场的跨越。如果说前一种情况定位于同一消费群落，第二种表现则着眼于目标消费群的移并。服装名牌的这一延伸得益于主体品牌的知名度集中在流行传播中位于高层的目标消费群，利用时尚的传递，将产品延续到相邻的社会群落。最典型的例子就是高级女装品牌，法国设计师皮尔 · 卡丹最早看到成衣市场的潜力，利用高级女装在流行中先导地位及皮尔 · 卡丹品牌在高级女装中的影响，于 1962 年起用同一品牌名生产高级成衣并取得辉煌业绩而成为服装界的巨富。随着高级女装及高级时装消费层的萎缩，几乎所有高级女装及高级时装品牌都附加了高级成衣系列并以此为主要经济收益，撑高级女装或高级时装大旗行高级成衣之路，以致法国近十余年来一直在讨论是否要取消高级女装。乔治 · 阿玛尼品牌主要针对高收入阶层，其产品延伸的结果是出现了针对年轻人的爱姆普里奥 · 阿玛尼等数只品牌。值得注意的是这样的产品延伸必须在关系密切的消费群落间进行，否则会因名牌的联想效应不足而失败。如果将一高级女装品牌用于普通成衣生产很可能会让人觉得普通成衣是盗用牌名或对原品牌产生失望和失落感而影响名牌声望，皮尔 · 卡丹是服装品牌出租的始作俑者，但如今也面临出租过滥而不得不加以整顿的局面。

综合前两种品牌产品延伸表现，20 世纪 80 年代后期出现了次位产品线模式，俗称二线品牌或副牌。其起因是消费者兴趣的转移、时装大众化的潮流及品牌经营者扩大市场的欲望。原在 80 年代以高价位为主的服装名牌纷纷在保持原有的设计格调的基础上降低材质及销售成本以相对较低的价格推出二线品牌，其中如卡尔万 · 克莱因的 CK 卡尔万 · 克莱因、唐娜 · 卡兰的 DKNY 及多尔切 · 加巴纳的 D&G 等，其二线品牌的知名度已不亚于主体品牌甚至还有过之。

服装强势品牌延长生命周期的另一种做法是传统意义上的品牌交叉。所谓品牌交叉是将品牌个性从一个市场转移到另一个市场。在传统概念中，服装只指人体专用的衣服，化妆品、配饰及手表等与服装分属不同市场，利用品牌在消费者中的知名度，国际服装名牌经常会涉足此类领域。但自 20 世纪 80 年代以后，人们越来越认同这样一种概念：服装是与人体密切相关的一切装饰的总和。按此定义，化妆品及饰物都属于服装的一部分，因此，可以将传统概念中的服装品牌交叉视为品牌产品延伸表现的特例。很多国际服装名牌都曾有此举动并取得成功，如迪奥口红、夏奈尔的香水，而不少中国大陆消费者了解圣 · 洛朗则是自 YSL 的香烟开始。

服装名牌的产品延伸一旦成功无疑有很大好处就是当新的定位或新品牌因原名牌的知名度而具有消费者已熟悉的元素时会更容易为市场所接受；它会给现存的品牌或产品线带来新鲜感，加强了品牌伞的整体商品力；提高品牌族的投资效益，最终达到延长生命周期的目的。当然，名牌的产品延伸也有风险，尤其是传统意义上的品牌交叉。如果延伸品牌与主体品牌在定位或核心价值上产生冲突，会造成消费者的视听混淆而告失败，至少也会给人留下不专心致力为目标消费群服务的印象。有鉴于此，有些名牌不采用主体品牌与延伸品牌同名的方法，将延伸品牌另外定名，一方面为求新鲜刺激，另一方面也为避免延伸品牌可能对主体品牌产生的不良影响。这里有一个合理建立和使用品牌资产的问题。

曾有服装品牌的热衷者给作者这样的问题：品牌究竟是一个公司、一位设计师、一系列服装商品还是单一的产品线？事实上，品牌可能是上述的任何一种。本书涉及的 58 个国际服装名牌就是一些以主体品牌为舵手的品牌族组。为论述分述方便，作者在目录中隐去了延伸品牌的名称而将它们列入附录中的品牌名称索引，并以异体字标出以示区别。

I 国际服装名牌名称索引

英文	中文	页码
A-POC	一块布系列	106
Aquascutum	**雅格斯丹**	100
Armani Casa	阿玛尼 · 卡萨	74
Armani Collezioni	阿玛尼 · 卡尔兹	74
Armani Exchang	阿玛尼 · Exchang	74
Armani Jeans	阿玛尼牛仔	74
Armani Junior	阿玛尼 · 儿童	74
Balenciaga	**巴黎世家**	4
Bazar de Christian Lacroix	克里斯汀 · 拉克鲁瓦 · 巴莎	22
Bill Blass	**比尔 · 布拉斯**	84
Blassport	运动的布拉斯	84
Burberry	**柏帛丽**	94
Byblos	**贝博洛斯**	54
Calvin Klein	**卡尔万 · 克莱因**	86
Calvin Klein Jeans	卡尔万 · 克莱因牛仔	86
Carven	**卡纷**	18
Cerruti	切瑞蒂	40
Cerruti 1881	**切瑞蒂 1881**	40
Chanel	**夏奈尔**	48
Chloé	**克洛耶**	24
Christian Dior	**克里斯汀 · 迪奥**	20
Christian Lacroix	**克里斯汀 · 拉克鲁瓦**	22
CK Calvin Klein	CK · 卡尔万 · 克莱因	86
Claiborne	克莱本	88
Comme Des GarÇons	**像男孩一样**	110
Comme des GarÇons SA	像男孩一样 S.A.	110
Courregès	**库雷热**	26
Couture Future	未来时装	26
D&G	D&G	58
Dior Homme	迪奥男装	20
DKNY	唐娜 · 卡兰 · 纽约	92
DKNY Kid	唐娜 · 卡兰 · 纽约 · 童装	92
Dolce&Gabbana	**多尔切与加巴纳**	58
Donna Karen	**唐娜 · 卡兰**	92
Double RL	双写 RL	90
Emanuel Ungaro	**伊曼纽尔 · 温加罗**	52
Emproio Armani	爱姆普里奥 · 阿玛尼	74
Escada	**埃斯卡达**	114
Esprit	**爱使普利**	80
Fendi	**芬迪**	62
G.Gigli	G · 吉利	68
Galliano Genes	加里亚诺 · 热内斯	104
Gianfranco Ferré	**詹弗兰科 · 费雷**	78

英文	中文	页码
Gianni Versace	**范思哲**	60
Giorgio Armani	**乔治 · 阿玛尼**	74
Givenchy	**纪梵希**	14
Gucci	**古奇**	64
Guy Laroche	**纪 · 拉罗什**	12
Hanae Mori	**森英惠**	46
Hermès	**爱马仕**	02
Homme	男人	110
Hugo Boss	**波士**	116
Hyperbole	伊皮博	26
Issey Miyake	**三宅一生**	106
Issey Sport	三宅运动系列	106
Izod Lacoste	伊索 · 拉科斯特	08
Jaeger	**耶格**	102
Jean de Christian Lacroix	克里斯汀 · 拉克鲁瓦牛仔	22
Jean-Louis Scherrer	**让 · 路易 · 谢瑞**	44
Jean Louis Scherrer SA	让 · 路易 · 谢瑞 SA	44
Jean Paul Gaultier	**让 · 保罗 · 戈尔捷**	42
John Galliano	**约翰 · 加里亚诺**	104
Jungle Jap	丛林中的日本人	10
Junko Koshino	**小筱顺子**	112
Karl Lagarfild	**卡尔 · 拉格菲尔德**	16
Kenzo	**高田贤三**	10
Kenzo City	城市中的高田贤三	10
Kenzo Jungle	丛林中的高田贤三	10
Kinglenes and Kisslenes	权利与温柔	18
KL by Lagerfeld	KL · 拉格菲尔德	16
Krizia	**克里琪亚**	66
Kriziababy	克里琪亚 · 宝宝	66
Kriziamaglia	克里琪亚 · 马利亚	66
Lacoste	**鳄鱼**	08
Lagerfeld	拉格菲尔德	16
Lanvin	**浪凡**	28
Liz Claiborne	**里兹 · 克莱本**	88
Lizkids	里兹童装	88
Lizwear	里兹服饰	88
Louis Feraud	**路易 · 费罗**	30
Louis Feraud Paris	路易 · 费罗 · 巴黎	30
Ma Fille	玛菲勒	18
Mani	玛尼	74
Missoni	**米索尼**	70
Missoni Sports	米索尼 · 运动装	70
Missoni Uomo	米索尼 · 尤莫	70

英文	中文	页码
MIU MIU	缪缪	72
Montana	**蒙塔那**	32
Nina Ricci	**尼娜 · 里奇**	34
Oscar de la Renta	**奥斯卡 · 德拉伦塔**	82
Oscar de la Renta II	奥斯卡 · 德拉伦塔 II	82
Oscar de la Renta Studio	奥斯卡 · 德拉伦塔 – 工作室	82
Paul Smith	**保罗 · 史密斯**	96
Paul Smith Women	保罗 · 史密斯女装	96
Paul Smith Jeans	保罗 · 史密斯牛仔	96
Paul Smith London	保罗 · 史密斯伦敦	96
Petite	佩蒂特	88
Pierre Balmain	**皮尔 · 巴尔曼**	36
Pierre Cardin	**皮尔 · 卡丹**	38
Plantation	花木世界	106
Playlife	游戏生活	56
Pleats Please	给我褶裥	106
Polo by Ralph Lauren	**马球**	90
Prada	**普拉达**	72
Prorsum Horse	普朗休 · 豪斯	94
Ralph	拉尔夫	90
Ralph Lauren	拉尔夫 · 劳伦	90
Ralph Lauren Classics	经典拉尔夫 · 劳伦	90
R.Newbold	R. 新轮廓	90
Romeo Gigli	**罗密欧 · 吉利**	68
Sisley	希思莉	56
Studio 000.1 by Ferré	费雷工作室 000.1	78
Thierry Mugler	**蒂埃里 · 穆勒**	06
United Colors of Benetton	全色彩的贝纳通	56
Valentino	**瓦伦蒂诺**	76
Versace Classic V2	范思哲经典 V2	60
Versus	纬尚时	60
Vivienne Westwood	**维维恩 · 韦斯特伍特**	98
Y-3	Y–3	108
Y&Y	双 Y	108
Yohji Yamamoto	**山本耀司**	108
Yves Saint Laurent	**伊夫 · 圣 · 洛朗**	50
012	零一二	56

注：

1. 此索引只适用于本书所录服装品牌

2. 此索引将主体品牌与相应延伸品牌名按英文字母排序并用异体字型加以区别，斜体并字型较小者为延伸品牌

II-1 国际重要服装奖项名录（中文-英文）

中文	英文
巴黎风俗艺术纪念章奖	Musee des Arts de la Mode Paris
巴黎金顶针奖	De d'Or Award
巴黎时装奥斯卡奖	Fashion Oscar Paris
贝斯服装博物馆年奖	Bath Museum of Costum Dress of the Year Award
彼蒂－尤莫奖	Pitti Uomo Award
不列颠设计师年奖	British Designer of the Year Award
费城莫尔艺术学院奖	Moore College of Art Award, Philadelphia
佛罗伦萨时装杂志奖	Fashion Press Award, Florence
国际羊毛局奖	International Wool Secretariat Award
哈伯慈善奖	Harper's Bazaar Award
华盛顿特区哈奇特年轻设计师奖	Hecht and Company Young Designer Award,Washington D.C
皇家工业设计师，社会艺术设计师奖	Royal Design of Industry, Royal Society of Arts
杰出创造奖	Prix d'Excellence 'Creativite'
金顶针荣誉奖	Legion d'Honneur, Golden Thimble Award
金剪刀奖	Tiberio d'Oro Award
金睛奖	Occhio d'Oro Prize
科蒂美国时装评论“维妮”奖	Coty American Fashion Critics 'Winnie' Award
克里斯汀－迪奥荣誉勋章奖	Remise de la Legion d'Honneur a Christian dior
库蒂－沙克奖	Cutty Sark Award
流行组织国际设计奖	Fashion Group International Design Award
流行组织国际超级明星大奖	Fashion Group International Superstar Award
伦敦高级时装设计奖	Couture Award, London
迈阿密 DFA 国际精细艺术学院奖	DFA International Fine Arts College of Miami
迈尼奇大奖	Mainichi Grand Prize
梅迪西斯奖	Prix Medicis
美国时装设计师委员会奖	Council of Fashion Designers of American Award
美国时装设计师委员会国际奖	Council of Fashion Designers of American International Award
美国时装设计师委员会埃莉诺 · 兰伯特奖	Council of Fashion Designers of American Eleanor Lambert Award
美国时装设计师委员会年度最佳国际设计师奖	Council of Fashion Designers of American International Designer of The Year Award
美国时装设计师委员会年度最佳男装设计师奖	Council of Fashion Designers of American Menswear Designer of The Year Award
美国时装设计师委员会年度最佳女装设计师奖	Council of Fashion Designers of American Womenswear Designer of The Year Award
美国时装设计师委员会年度最佳配饰设计师奖	Council of Fashion Designers of American Accessory Designer of The Year Awar
美国时装设计师委员会特别奖	Council of Fashion Designers of American Special Award
美国时装设计师委员会特殊贡献奖	Council of Fashion Designers of American

中文	英文
	Special Tributes Award
美国时装设计师委员会终生成就奖	Council of Fashion Designers of American Lifetime Achievement Award
美国印花布协会汤米奖	American Printed Fabric Council Tommy Award
美丽维纳斯奖	Venus de la Beaute
明尼苏达博物馆男士象征奖	The Symbol of Man Award, Minesota Museum
奈门－马科斯奖	Neiman Marcus Award
纽约国家棉花协会奖	National Cotton Council Award, New York
纽约梅斯杰出创造奖	Macy's Outstanding Creativity Award, New York
纽约帕森学校杰出设计成就奖	Parsons School of Design Distinguished Achievement
纽约普瑞特学院杰出设计奖	Pratt Institute Design Excellence Award, NY
纽约时装工业基金会奖	Fashion Industry Foundation Award to the House of Dior, NY
纽约时装鞋业协会奖	Fashion Footwear Association of New York Award
女企业家奖	Entrepreneurial Woman of the Year
全羊毛标志奖	Woolmark Award
日本时装编辑俱乐部奖	Fashion Editors Clubs of Japan Prize
日本文化服装学院装苑奖	Soen Prize, Bunka College Japan
日本紫带装饰奖	Purple Ribbon Decoration Japan
日本紫带装饰奖	Fashion Press Award, Florence
舍瓦利耶荣誉勋章奖	Chevalier de la legion d'Honneur
舍瓦利耶文学艺术功勋奖	Chevalier de l'Ordre des Arts et des Lettres
舍瓦利耶艺术和文学十字勋章奖	Croix de Chevalier des Arts et letters
时装工业高等学校奖	High School of Fashion Industries Award
文学和艺术纪念章奖	Grand Medaille des Arts et Lettres
香水基金会奖	Fragrance Foundation Award
香水基金会奖名誉奖	Fragrance Foundation Hall of Fame Award
羊毛针织协会奖	Woolknit Association Award
意大利梅里特勋章奖	Named Grand Officer, Order of Merit Italy
印花布协会奖	Print Council Award
英国皇家勋章奖	Order of the British Empire
英国时装设计师年奖	English Fashion Designer of the Year Award
朝日日本时装开拓者奖	Asahi Prize as Pioneer of Japanese Fashion
政府荣誉勋章奖	Officier de la Legion d'Honneur
芝加哥黄金海岸时装奖	Gold Coast Fashion Award
周日时报国际时装奖	Sunday Times International Fashion Award

II-2 国际重要服装奖项名录（英文-中文）

英文	中文
American Printed Fabric Council Tommy Award	美国印花布协会汤米奖
Asahi Prize as Pioneer of Japanese Fashion	朝日日本时装开拓者奖
Bath Museum of Costum Dress of the year Award	贝斯服装博物馆年奖
British Designer of the year Award	不列颠设计师年奖
Chevalier de l'Ordre des Arts et des Lettres	舍瓦利耶文学艺术功勋奖
Chevalier de la legion d'Honneur	舍瓦利耶荣誉勋章奖
Coty American Fashion Critics 'Winnie' Award	科蒂美国时装评论"维妮"奖
Council of Fashion Designers of American Award	美国时装设计师委员会奖
Council of Fashion Designers of American Accessory Designer of The Year Award	美国时装设计师委员会年度最佳配饰设计师奖
Council of Fashion Designers of American Eleanor Lambert Award	美国时装设计师委员会埃莉诺・兰伯特奖
Council of Fashion Designers of American International Award	美国时装设计师委员会国际奖
Council of Fashion Designers of American International Designer of The Year Award	美国时装设计师委员会年度最佳国际设计师奖
Council of Fashion Designers of American Lifetime Achievement Award	美国时装设计师委员会终生成就奖
Council of Fashion Designers of American Menswear Designer of The Year Award	美国时装设计师委员会年度最佳男装设计师奖
Council of Fashion Designers of American Special Award	美国时装设计师委员会特别奖
Council of Fashion Designers of American Special Tributes Award	美国时装设计师委员会特殊贡献奖
Council of Fashion Designers of American Womenswear Designer of The Year Award	美国时装设计师委员会年度最佳女装设计师奖
Couture Award, London	伦敦高级时装奖
Croix de Chevalier des Arts et letters	舍瓦利耶艺术和文学十字勋章奖
Cutty Sark Award	库蒂－沙克奖
De d'Or Award	巴黎金顶针奖
DFA International Fine Arts College of Miami	迈阿密 DFA 国际精细艺术学院奖
English Fashion Designer of the Year Award	英国时装设计师年奖
Entrepreneurial Woman of the Year	女企业家奖
Fashion Editors Clubs of Japan Prize	日本时装编辑俱乐部奖
Fashion Footwear Association of New York Award	纽约时装鞋业协会奖
Fashion Group International Design Award	流行组织国际设计奖
Fashion Group International Superstar Award	流行组织国际超级明星大奖
Fashion Industry Foundation Award to the House of Dior, NY	纽约时装工业基金会奖
Fashion Oscar Paris	巴黎时装奥斯卡奖
Fashion Press Award, Florence	佛罗伦萨时装杂志奖

英文	中文
Fragrance Foundation Award	香水基金会奖
Fragrance Foundation Hall of Fame Award	香水基金会名誉奖
Gold Coast Fashion Award	芝加哥黄金海岸时装奖
Grand Medaille des Arts et Lettres	文学和艺术纪念章奖
Harper's Bazaar Award	哈伯慈善奖
Hecht and Company Young Designer Award, Washington D.C	华盛顿特区哈奇特年轻设计师奖
High School of Fashion Industries Award	时装工业高等学校奖
International Wool Secretariat Award	国际羊毛局奖
Legion d'Honneur, Golden Thimble Award	金顶针荣誉奖
Macy's Outstanding Creativity Award, New York	纽约梅斯杰出创造奖
Mainichi Grand Prize	迈尼奇大奖
Moore College of Art Award, Philadelphia	费城莫尔艺术学院奖
Musee des Arts de la Mode Paris	巴黎风俗艺术纪念章奖
Named Grand Officer, Order of Merit Italy	意大利梅里特勋章奖
National Cotton Council Award, New York	纽约国家棉花协会奖
Neima Marcus Award	奈门–马科斯奖
Occhio d'Oro Prize	金睛奖
Officier de la Legion d' Honneur	政府荣誉勋章奖
Order of the British Empire	英国皇家勋章奖
Parsons School of Design Distinguished	纽约帕森学校杰出设计成就奖
Achievement	彼蒂–尤莫奖
Pitti Uomo Award	纽约普瑞特学院杰出设计奖
Pratt Institute Design Excellence Award, NY	印花布协会奖
Print Council Award	杰出创造奖
Prix d'Excellence 'Creativite'	梅迪西斯奖
Prix Medicis	日本紫带装饰奖
Purple Ribbon Decoration Japan	克里斯汀–迪奥荣誉勋章奖
Remise de la Legion d'Honneur a Christian dior	皇家工业设计师，社会艺术设计师奖
Royal Design of Industry, Royal Society of Arts	日本文化服装学院装苑奖
Soen Prize, Bunka College Japan	周日时报国际时装奖
Sunday Times International Fashion Award	明尼苏达博物馆男士象征奖
The Symbol of Man Award, Minesota Museum	金剪刀奖
Tiberio d'Oro Award	美丽维纳斯奖
Venus de la Beaute	羊毛针织协会奖
Woolknit Association Award	全羊毛标志奖

III 国际重要服装展览展示时间表

时间	中文名称	外文名称	地点	类别
一月	国际服装精品展示	Boutique Show	纽约	女装
	国际童装展	Int'l Kids Fashion Show	纽约	童装
	米兰男装展	Milano Collezioni UOMO	米兰	男装
	男装趋势分析展	It's Cologne	科隆	男装
	成衣女装	Pret à Porter Feminin	巴黎	女装
	香港时装节	Hong Kong Fashion Week	香港	综合
	高级女装展	Haute Couture Francaise	巴黎	女装
二月	流行时装	Fashion on Top	科隆	综合
	杜塞尔多夫先导展	Collections Premieres Dussedlorf	杜塞尔多夫	女装
	先导展	Premier Collections	伯明翰	综合
	纽约先导展	New York Premier Collections	纽约	女装
	欧洲女装节	The Europeans Womenswear	纽约	女装
	纽约小集团时装节	Fashion Coterie	纽约	女装
	伦敦时装周	London Fashion Week	伦敦	综合
	男装展	Int'l Herren Mode Woche	科隆	男装
三月	米兰女装节	Moda Milano	米兰	女装
	世界服装贸易展	World Fashion Trade Fair	大阪	综合
	依格多女装展	IGEDO	杜塞尔多夫	女装
	巴黎女装展	Paris Sur Mode	巴黎	女装
	英特斯多福国际时装节	Interstoff World	法兰克福	综合
	国际服装精品展示	Boutique Show	纽约	女装
	国际童装展	Int'l kids Fashion Show	纽约	童装
四月	东京时装节	Top Look	东京	综合
五月	印花设计展	Surtex	纽约	综合
	针织服装展	ESMA	米兰	综合
六月	国际服装精品展示	Boutique Show	纽约	女装
	伦敦成衣展	London Interseason Show	伦敦	综合
七月	名设计师男装展	Collections Du Pap Masculin	巴黎	男装
	米兰男装展	Milano Collezioni UOMO	米兰	男装
	男装趋势分析展	It's Cologne	科隆	男装
	高级服饰展	Romaal Tamoda	罗马	综合
	高级女装展	Haute Couture Francaise	巴黎	女装
八月	国际童装展	Int'l Kids Fashion Show	纽约	童装
	杜塞尔道夫成衣展	Collections Premieres Dusseldorf	杜塞尔多夫	综合
	伦敦国际服装展	London International Collections	伦敦	综合
	男装及少年装展示会	Int'l Herrenmode Woche	科隆	男装
	慕尼黑男装、女装及童装	Mode Woche Munchen	慕尼黑	综合
	国际服装精品展	Boutique Show	纽约	女装
九月	依格多成衣展	IGEDO	杜塞尔多夫	综合
	伦敦时装展	London Interseason	伦敦	综合
	巴黎女装展	Pap Feminin	巴黎	女装
	巴黎男装展	SEHM	巴黎	男装
	伦敦成衣展	London Pret	伦敦	综合

时间	中文名称	外文名称	地点	类别
十月	纽约成衣展	New York Pret	纽约	综合
	伦敦时装周	London Fashion Week	伦敦	综合
	高级时装及成衣展	MODA Milano	米兰	综合
	巴黎女装展	Premiere Classe	巴黎	女装
	国际童装展	Int'l Kids Fashion Show	纽约	童装
	国际服装精品展	Boutique Show	纽约	女装
	男装展	NAMB	纽约	男装
	国际纺织服装展	Interstoff	法兰克福	综合
十一月	时装展	Inter Selection	巴黎	综合
十二月	肯塞顿时装博览会	Kensington Fashion Fair	伦敦	综合

注：

1. 此表根据 1990 年以后各主要服装及商务刊物中所排列服装展览展示活动时间综合分析整理而成，因各活动每年的时间会略有调整，故以月为单位分栏，具体时间可见当时的有关资料。
2. 表中各活动的排列前后基本反映了各服装展览展示活动的时间顺序，类似活动已基本形成了意大利－法国－欧洲其他国家－北美－亚洲的时间循环规律。
3. 表中所列活动有些以展览及贸易为主，有些以流行资讯发布为主，因为在展览中常有展示发布活动，故两者并未在表中分类列出。在表列活动中常插有相关的理论研讨活动。
4. 表中活动主要为女装、男装、童装及综合性服装展览展示。

参考文献

1.Taryn Benbow–Pfalzgraf. Contemporary Fashion. New York: St. James Press, 2002
2.Jeannette AJarnow. Inside The Fashion Business. New York: Macmill an Publishing Company,1987
3.Elaine Stone. Fashion Merchandising. New York : Mcgraw–Hill Book Company,1985
4.Arthur AWinters. Fashion Advertising & Promotion. New York: Fairchild Publications, 1984
5.Jeanette Weber. Clothing. California: Clencoe Publishing Company, 1986
6.Elizabeth Ewing, BTBatsford. History of Twentieth Century Fashion. London: 1986
7.Georina O Hara, Narry NAbeans. Vogue–History of 20th Ceutury Fashion. New York: Inc. Publishers, 1986
8.Ann T., Kellogg, Amy T. Peterson,Stefani Bay, Natalie Swindell. In an influential fashion: an encyclopedia of nineteenth–and twentieth–century fashion designers and retailers who transformed dress.London: Greenwood Press, 2002
9.Christopher Breward. Fashion. Oxford ; New York: Oxford University Press, 2003
10.Vakerie Steele. Fifty Years Of Fashion: New look to now. New Haven and London: Yale Univercity Press, 2000
11. 辅仁大学纺织品服装学系，图解服饰辞典，1984
12. 包铭新等，世界名师时装鉴赏辞典，上海：上海交通大学出版社，1991
13. 世界地名录，上海：中国大百科全书出版社，1984
14. 世界姓名译名手册，北京：化学工业出版社，1997
15. 屈云波，品牌营销，北京：企业管理出版社，1996
16.Vogue,1988–2006
17.W.W.D,1994–2006
18.Elle,1987–2006
19.Fashion News,1993–2006
20. 芙蓉坊，1989–2006
21. 流行通讯，1990–1997

图片来源

1.Vogue,1988–2006
2.Elle,1987–2006
3.芙蓉坊，1981–2006
4.流行通讯，1990–1997
5.http://www.firstview.com
6.http://www.vogue.co.uk
7.http://www.style.com
8.http://www.vogue.com.tw
9.http://www.vam.ac.uk
以及部分品牌网站

后 记

与 1997 年出版的《国际服装名牌备忘录》相比较,《国际服装名牌备忘录(卷一)》主要改写和更新了所有品牌的档案、评述和典型设计案例及分析以及第三章的部分内容，本书的主要编撰者情况和在本书中的分工如下：

卞向阳，东华大学教授、哈佛大学访问学者、英国伯明翰艺术设计学院特邀博士研究生导师，中国服装设计师协会学术委员会主任委员，上海国际服装文化节组委会办公室副主任。主要负责本书的企划、提纲和内容确定、第一和第二章的文稿的编撰定稿，第三章文稿的撰写以及全书的审定。

周紫婴和张琪，东华大学研究生，主要负责第一章的部分资料收集、第二章的图片收集和文字初稿工作以及附录的整理。

其他曾经参与 1997 年版的《国际服装名牌备忘录》的部分初稿写作的合作者如今已经成为服装行业的精英。陈文飞博士现为宁波市人民政府大型活动办公室副主任，宁波国际服装节的组织者之一；刘瑜博士现为东华大学服装学院及艺术设计学院艺术设计理论部副主任、副教授；牛龙梅女士是美国著名牛仔装 LEVI'S 品牌中国大陆代理的主要负责人之一。在此一并表示感谢。

感谢蒋衡杰先生对于本书的关心，感谢我的同事和家人以及出版社对于本书的一贯支持和鼓励。

2007 年 5 月 27 日